输电线路属地化
智慧管理技术

王原　主编

U0333256

中国电力出版社
CHINA ELECTRIC POWER PRESS

内 容 提 要

属地化管理作为一种有效的管理手段，已经在国家电网有限公司所辖的各单位开展起来，但由于各地方政策和其他相关因素，在属地化管理的重视及落实程度上还是有所差别的。为更好地促进属地化管理技术的发展，特组织国网湖北省电力公司宜昌供电公司编写了本书。

本书设置 7 章，内容包括输电线路属地化管理概况、属地化智慧管理总体设计、无人机巡检技术、输电线路通道 3D 建模、智能巡检系统及应急抢修应用、输电线路大数据平台及其应用、宜昌地区输电线路属地化智慧管理示范。本书还包括通道隐患统计表、属地化管理考核评分表等 7 个附录，供大家参考使用。

本书可供从事电力系统输电线路运行维护工作的管理人员和技术人员使用，也可供大专院校相关师生学习参考。

图书在版编目（CIP）数据

输电线路属地化智慧管理技术/王原主编. —北京：中国电力出版社，2020.12
ISBN 978-7-5198-5133-0

Ⅰ．①输… Ⅱ．①王… Ⅲ．①输电线路–工程管理 Ⅳ．①TM726

中国版本图书馆 CIP 数据核字（2020）第 214814 号

出版发行：中国电力出版社
地　　址：北京市东城区北京站西街 19 号（邮政编码 100005）
网　　址：http://www.cepp.sgcc.com.cn
责任编辑：翟巧珍（806636769@qq.com）
责任校对：黄　蓓　郝军燕
装帧设计：张俊霞
责任印制：石　雷

印　　刷：三河市航远印刷有限公司
版　　次：2020 年 12 月第一版
印　　次：2020 年 12 月北京第一次印刷
开　　本：710 毫米×1000 毫米　16 开本
印　　张：8.5
字　　数：136 千字
定　　价：40.00 元

编 委 会

序

电网是关系国计民生的重要基础设施。截至 2019 年底，国家电网有限公司（简称国家电网公司）建成了"十交十一直"21 项特高压工程，跨省跨区域输电容量达到 2.1 亿 kW，输电网成为国民经济发展的重要支柱。国家电网公司始终以促进经济社会发展、保障和服务民生为己任，主动适应经济发展新常态、新格局、新趋势、新要求，为社会发展提供安全可靠、优质清洁的电力供应，为全面建设小康社会提供可持续的电力保障。

创新是新时代的主旋律和最强音，是企业打造核心竞争力的关键。国家电网公司认真贯彻党的十九大精神，坚决落实习近平总书记"创新是引领发展的第一动力"的重要指示，全面实施"新跨越行动计划"，全力抢占技术制高点，争做央企创新尖兵，助力能源科技强国，加快建设具有中国特色国际领先的能源互联网企业。

2015 年，国网湖北省电力公司宜昌供电公司成立"智慧输电创新工作室"，从事智慧输电技术的探索和研究，其输电线路无人机带电清除异物、防外破图像识别系统等多个分项成果，在全国同行业评比中取得优秀成绩。智慧输电是以输电线路属地化为管理支撑、以数字信息为基础平台、以互联网+大数据为分析手段，实现输电线路监控全景化、无人机智能巡检全天候、"大云物移智链"（即大数据、云储存、物联网/5G、人工智能、区块链）技术应用全方位的新型输电线路管理模式。智慧输电将为横跨数千公里的电网线路保驾护航，为消除我国能源资源分布不均与经济发展差异化特征显著的矛盾起到重要作用，为提升环境保护力度和促进国民经济可持续发展做出重大贡献。在此基础上，形成了《输电线路属地化智慧管理技术》一书，凝聚了"输电人"多年的躬耕力行与求真探索。希望该书的出版，能够在激发企业创新活力和提升输电线路运维管理效率方面，为业内人士和相关领域发展开拓新思路，并起到引领示范作用！

刘敬华

2020 年 12 月

前言

  2018 年 12 月，中央经济工作会议首次提出了以 5G、人工智能、工业互联网、物联网等新一代信息技术为核心的新基建发展战略。2020 年 3 月，中共中央政治局常务委员会再次强调要加快新型基础设施建设。国家电网有限公司自毛伟明董事长履职以来，于 2020 年 4 月召开两次新基建领导小组会议，强调要加快新型数字基础设施建设，充分发挥央企主力军作用，在电力行业落实新基建发展战略，并鼓励全体员工勇立时代潮头，争做标杆表率。

  自改革开放以来，我国电力工业得到了长足发展，截至 2019 年底，国家电网建成投运"十交十一直"21 项特高压工程。公司经营区跨省跨区域输电通道设计容量达 2.1 亿 kW，特高压累计输送电量超过 1.6 万亿 kWh，电网资源配置能力不断提升。拥有在运特高压交流工程线路，如晋东南—荆门、淮南—浙北—上海、浙北—福州、锡盟—山东、蒙西—天津南、淮南—南京—上海、胜利—锡盟、榆横—潍坊、雄安—石家庄、1000kV 苏通 GIL、综合管廊工程等；在运特高压直流工程，如向家坝—上海、锦屏—苏南、哈密南—郑州、溪洛渡—浙西、宁东—浙江、酒泉—湖南、晋北—江苏、锡盟—泰州、上海庙—山东、扎鲁特—青州、准东—皖南等；核准在建特高压交流工程，如潍坊—临沂—枣庄—菏泽—石家庄、蒙西—晋中、驻马店—南阳、张北—雄安等；核准在建特高压直流工程，如青海—河南、陕北—湖北、雅中—江西等。

  短短数十年，电力系统建设已实现了从"跟跑"到"并跑""领跑"的蜕变，成功地为国家发展保驾护航，成就了"大国重器"的世界美名。然而，高压输电线路虽然有效地平衡了我国"东—西"部、"南—北"部电能资源分布的不均，但受地理特征、气候环境与外力破坏等因素影响，输电线路走廊凸现出树障、外破、山火等诸多安全威胁，输电线路通道管理面临巨大挑战。高压输电线路作为电能输出的大动脉，其安全可靠一直被视为电力系统运行管理的重中之重。输电线路属地化智慧管理是指将省级电力公司负责管理的输电线路，按所在行政区域分解到地市、县（市）供电公司，借助"大云物移智链"先进技术或平台，由属地公司依据《电力法》《电力设施保护条例》等法规，开展本行政区域内线路通道清理、护线宣传及外破隐患的发现、上报、协调处理等工作，并承担相应责任。开展属地化智慧管理改革相关研究和实践，对提高线路走廊巡检效率，及时清除安全隐患，保障人民生命财产安全具有重大意义。

开展属地化管理改革，有利于发挥属地公司的地域优势，不仅能分担线路专业管理部门的巡检压力，还能及时发现隐患，为隐患清除争取尽量多的时间；从线路巡检的技术角度，引入"新基建"发展理念，基于 5G、云计算、人工智能、大数据分析、物联网、数字孪生、无人机、VR 等技术和平台，开展新型巡检手段探索，打造智慧输电线路，实现属地化智慧管理。基于此，智慧输电线路课题组梳理属地化智慧管理研究的理论成果，总结示范工程建设的实践经验，终成《输电线路属地化智慧管理技术》。

本书分为 7 章：第 1 章，对我国输电线路发展现状、管理模式进行了概述，并分析了输电线路属地化管理的特征及面临的难题；第 2 章，结合传统属地化管理面临的挑战，提出了基于大数据分析、云存储、物联网/5G、人工智能和区块链等先进技术的输电线路属地化智慧管理技术，着重从智慧管理机制和智慧巡检手段两个方面论述属地化智慧管理技术；第 3 章～第 6 章，从输电线路巡检技术的角度展开论述，分别介绍了输电线路无人机巡检技术、3D 建模、智能巡检系统、大数据分析巡检等新兴巡检手段及探索应用经验，着重体现了输电线路属地化管理中的"智慧"特征；第 7 章，结合宜昌地区输电线路通道管理的实践经历，阐述了输电线路属地化智慧管理的实际成效。

本书在编写方式上，本书力求以客观准确的数据为支撑，以简练的文字叙述、辅以图形图表，做到图文并茂、直观形象，凝聚焦点、突出重点，便于阅读、利于检查。在本书编写过程中，得到了三峡大学、国网湖北省电力有限公司、国网湖北省电力有限公司宜昌供电公司相关知名专家的大力支持与指导，在此致以衷心的感谢。特别感谢何伟军教授对团队的鼓励和指导，特别感谢国网设备部刘敬华为本书作序！限于经验，本书难免存有不妥之处，恳请读者批评指正。

编者

2020 年 9 月

目录

序
前言

输电线路属地化管理概况

我国电网覆盖区域广、电能输送能力强，但随着输电线路通道走廊不断增长，其运行和维护的难度也越来越大。本章对输电线路属地化管理进行了系统性的概述，具体从高压输电发展趋势、输电线路管理现状、属地化管理模式三个方面展开。

1.1 高 压 输 电 发 展 趋 势

随着国民经济的快速发展和用电需求的不断增加,我国电力系统已经步入大电网、大机组、高电压、高度智能化的发展阶段。图 1-1 所示的高压输电线路具备大容量、远距离、高效率、低损耗特点，保障了各行各业的有序运转和千家万户的日常生活。在过去的几十年里，我国高压输电线路快速发展，多次突破技术瓶颈，实现了全国电网安全稳定、可靠互联，如东北—华北通过高岭背靠背工程实现异步联网；华北—华中通过 1000kV 交流联网，形成了华北—华中同步电网；华中与华东通过葛洲坝—南桥、龙泉—政平、宜都—华新 500kV 直流及向家坝—上海 800kV 直流工程实现异步联网；华中电网和南方电网通过三峡—广东 500kV 直流工程实现异步联网；西北与华中电网通过灵宝直流背靠背工程实现异步联网；青海—西藏 400kV 直流工程实现西藏电网与西北主网异步联网。

图 1-1　鸟瞰高压输电线路

　　未来电网规模还将进一步扩大，国家能源局于 2018 年 9 月 3 日印发《关于加快推进一批输变电重点工程规划建设工作的通知》，为加大基础设施领域补短板力度，发挥重点电网工程在优化投资结构、清洁能源消纳、电力精准扶贫等方面的重要作用，加快推进青海—河南特高压直流、白鹤滩—江苏、白鹤滩—浙江特高压直流等 9 项重点输变电工程建设，合计输电能力 5700 万 kW。此外，青海—河南特高压直流工程，还将配套建设驻马店—南阳、驻马店—武汉特高压交流工程；陕北—湖北特高压直流工程，将配套建设荆门—武汉特高压交流工程；雅中—江西特高压直流工程，将配套建设南昌—武汉、南昌—长沙特高压交流工程。

　　随着输电网络规模的不断扩大，覆盖的地域越来越广，输电线路的管理和日常维护面临的挑战也越来越大。目前，架空输电线路通道保护区内施工作业、塑料大棚建造、种树、违章建筑等现象屡见不鲜，导致外力破坏事故频发；城市扩容及基础设施的建设，改变了输电线路的通道走廊环境，水泥泵车、吊车等穿行于线下，增加了输电线路安全的威胁。目前，各地输电线路运维单位结合实际采取措施，对线路防护区进行综合治理，但行之有效的预防措施还有待探索，严谨、规范的处理体系尚未形成。针对输电线路通道保护区普遍存在的各种危及输电线路安全稳定运行的问题，进行系统分类并探索制订一整套行之有效的处理方法，成为当前输电线路管理工作中一个亟待解决的课题。

1.2　输电线路管理现状

随着电网覆盖区域的扩大、输电线路总里程的增加，输电线路通道面临各种安全事故不断发生，每年呈上升趋势，这既反映了当前线路管理水平的不足，同时也是对线路通道管理技术的挑战。为了保障电力系统的稳定可靠，亟须加强对线路通道的管控力度和管理范围。

1.2.1　输电线路通道面临的问题

（1）树障问题。由于输电线路分布广，不可避免地要经过山区、绿化区等多树地带，输电线路在建成后，导线对地距离变化较小，而地面的树木、植物却是在不断向上生长的，这导致树木对导线距离越来越小，不加以处理的话，会引起树线放电、线路停运等风险。近年来，在清理这些线下树木时，电力部门遇到了不小的困难，暴力阻工事件时有发生，电力部门不得已采取了经济补偿的处理方式，但部分户主提出"天价"，确实给电力部门造成了很大困难。

（2）违章施工。伴随城市发展，城市规划与建设规模的不断扩大，高压输电线路的通道被严重挤压。输电线路保护区内违章建筑、施工屡禁不止，个别施工人员对高电压缺乏认知、安全意识淡薄，施工中易造成线路跳闸故障。同时，政府部门在城市规划设计时如没有充分考虑预留输电线路走廊，则易忽视电力设施保护。当前，电力管理部门没有执法权，难以直接制止或责令拆除违章建筑，只能依靠宣传、劝导及政府协调等方式开展电力设施保护的工作，工作难度较大。

（3）空飘异物隐患。在农村地区的输电线路走廊内塑料大棚较多，部分塑料棚膜绑扎不牢固或者破损，遇到大风天气，这些塑料膜易被风吹到导线或杆塔上，造成相间短路或接地短路，引起线路故障。而这些大棚已经成为当地村民的主要经济收入来源，难以直接禁止，所以近年来各地空飘异物隐患呈多发态势。

（4）施工遗留问题。在输电线路建设过程中，对输电线路走廊内的树障、建筑物存在补偿价格过高或未补偿现象，在验收时难以直接发现，线路交付后形成后期运维难点。例如，某线路新建时线下树木的户主漫天要价，施工方受工期所限，只修剪了树木的顶部树枝并以较高的价格进行了补偿，验收交付后，树木继续生长至安全距离内，运维方无力支付施工时的高价，导致出现清障难点。

（5）工作延迟性问题。由于输电线路点多面广，不能第一时间发现各种危险点，导致隐患成形、发展扩大，再进行处理时，各种影响较大，难以根除处理。这样的工作延迟，导致协调难度大，隐患逐步累积，人员疲于奔命，工作没有指向性。如何及早发现输电线路产生的各类突发征象，第一时间了解隐患信息内容，事先预防、提前处理是输电线路运维面临的一大难题。

1.2.2 专业部门管理模式的不足

传统运维模式下采用专业管理，即专业部门派人员对输电线路（包含导线、金具、绝缘子和杆塔等）进行定期的巡视、检修、维修并进行相对应的技术管理，以保证输电线路的运行稳定。定期巡检方式主要是人工巡线，由于输电线路里程长，巡检人员需要负责的区域往往很大，有时甚至出现跨市、跨省的情况，人工成本高且效率不足，与现行降本增效的企业目标不协调。

特高压输电线路具有线路长、环境复杂、运维水平要求高等特点，因此基于状态检测、故障诊断和设备状态发展的一系列定期状态检测方法应运而生，并应用于输电线路通道管理。状态巡视检修又叫作预知性检修，它是把以设备的状态检测、故障诊断和设备状态发展的预测作为依据的检修方式，根据设备的日常和定期检查、在线状态检测及故障诊断所提供的数据，通过数据分析判断出设备的状态和发展趋势，并能在设备故障发生之前和设备性能降低到极限之前，提前安排检修计划。这种方式的优势是根据设备需要进行检修，针对性强，能在提高设备可应用率的同时减少检修成本，但这种检修方式存在一定的缺陷，如监测装备价格高昂、故障诊断技术要求很高。由于输电线路不断增长、运行设备增多，并在提高劳动效率和降低运行、维护成本的前提之下，状态检修就成为一种必须推行的检修方式。状态化巡检在一定程度上改善了传统专业化管理的问题，但传统专业化管理的问题依旧存在，主要包括：

（1）输电线路的地理位置比较特殊。输电线路大多分布在崇山峻岭、人迹罕至的地区，造成了线路运维与检修工作的人工与时间成本的大幅增长。给护线力量的均衡使用带来较大困难。交通出行途中浪费时间较多，虽在部分区域设置了护线巡视站，但在资源的使用及人员调配方面还是存在处理不及时、反应不够迅速等现象，造成护线工作瓶颈，提升存在较大困难。

（2）各地市供电公司在机构设置、人员配置方面基本相同，所购置的检修设备、仪器数量和性能也基本相当，但各地市公司所辖线路范围不同，造成有的地市公司承担的检修维护工作量大，有的地市公司则少一些。

（3）监督考核力量薄弱。虽已建立监督体制，但在具体实施中存在检查力度不够深入、有空白点等问题。输电运检中心仅能安排少量专职护线员，对通道巡视护线队伍工作质量的检查不能保持高密度，客观上形成了"以包代管"的现象，考核深度及监管力度有待加强。

（4）线路分区细化问题。线路分区依然不够细化，很难做到真正的差异化巡视，很难根据全年的故障发生规律制订相关工作流程。各类微气象区、污区、多雷区的特殊巡视措施没有得到充分落实。

1.2.3 线路通道管理的属地化趋势

输电线路广泛分布在各个市县，每个区域内均有相当数量的输电线路。线路要进行定期巡视和各项检测，还要进行各项季节性工作，如根据工作的需要进行的正常巡视、季节性巡视、故障巡视、状态巡视、状态检测等。如果由单一部门进行运行管理工作，那么其运行管理工作地理范围极大，运行人员就要经常性地往返于各区县之间，由于路途较远，运行人员的住宿、餐饮和行车费用就会高。另外，为了完成输电线路运维工作，运维部门必须建立一套完整的生产管理系统，包括部门设置、人员配备、办公设施、后勤保障等。运维部门每年的生产成本中除了线路运行工作直接费用，还需要大量的管理费用、办公费用，其他人员开支等支出。围绕线路运维工作，运维部门需要配备大量的管理人员、技术人员、后勤人员等，并为这些非生产一线人员支付工资、奖金及各种保险金，提供相应的福利待遇。同时，运维部门需要后勤系统的大力支持，包括办公场所、各种办公设备和各种交通车辆等方面。这些人员和资源都需要花费极大的运转费用。

在电网建设工程领域，属地化是相对称谓，它是指输电线路管理不受该输电线路工程的设施产权和归属产权所限，凡隶属于本行政区域内一切输电线路工程项目的建设、管理、运行维护等，均以项目所属地区的法规政策、管理方式等为准则。属地化实施旨在便于项目的顺利展开以及与属地职能部门、民众进行协调提供便利。如果由当地供电公司进行线路属地化管理，其维护半径小，运行维护成本将大大降低。同时属地化管理模式能够使属地公司的责任更加明确，在管理过程中能够使输电线路通道环境得到不断的优化，且能够将各自的工作职责进行更合理、更深入地分配和明确。因此，输电线路属地化管理也成为未来输电线路管理的重要模式之一。

1.3 属地化管理模式

一般认为：输电线路属地化管理是指将省级电力公司负责管理的输电线路，按所在行政区域分解到地市、县（市）供电公司（简称属地地市、县公司），由所属地公司开展本行政区域内线路通道清理、护线宣传及外破隐患的发现、上报、协调处理等工作，并承担相应责任。本节依次从"属地化"的管理机制、优势与挑战、管理升级的方向等角度，论述输电线路从"属地化管理"到"属地化智慧管理"跨越的必要性。

1.3.1 属地化管理机制

输电线路属地化工作在地区公司部署相关工作时，要有一套完整的组织机构，具有明确的责任分工。一般属地化工作领导小组以公司总经理任组长，由运维检修部牵头，在输电运检室组建属地化管理中心，明确各层级工作职责，在输电运检室属地化管理中心下设属地化运维班，实行分片管理，将线路通道属地化工作落实到人，从而实现明确的责任分工、优化运维班组人员配置、提高联动机制，对保证线路稳定运行具有良好优势。总体任务如下：

（1）优化输电线路属地化工作体系。完善属地化工作体系是解决当下架空输电线路通道运维属地化管理的重要组成部分。根据市、县和乡三级部门的实际情况，实行"三级责任制度"，即市电力公司对整体的管理工作进行协调与分配；县级电力公司根据自己所属片区及市电力公司的要求，开展好管理工作；乡镇供电所工作人员负责实际操作，需充分培训实操人员专业水平和综合素质，保证检修维护工作的质量。通过三级责任制度优化部门分工和人员素质。同时还需明确属地公司的职责，保证检修运维工作的落实。不论是属地公司还是运维单位，都需要核实所辖线路通道的基本信息，建立"一患一档"台账。另外，完善属地化工作的各项考核机制，即制订与属地公司实际情况相匹配的《输电线路通道运维属地化工作实施细则》和《输电线路通道管理考核办法》，对员工进行季度考核，提高员工的工作积极性，保障属地化工作的有序运作。

（2）建立良好的联动机制，提升管理效率与质量。在架空输电线路通道运维属地化管理中，运维单位和属地公司的配合程度尤为重要。因此，两者间应该建立良好的联动机制。首先，可以建立完善的信息互通机制，实现通道信息的及时反馈沟通。其次，加强与政府相关职能部门的沟通协调，有利于解决实际管理工作中的问题。例如，树障问题若有政府出面协调，可以提升管理效率与质量，保障通道的安全。此外，随着机器视觉、人工智能、大数据分析等状态检测技术的不断完善和发展，不同单位的信息分享和联动机制能够保证输电线路通道区段问题和隐患被快速检测，对保证线路稳定运行具有积极意义。

（3）实现巡护管理流程化，保证通道管理的高效性。通过实现巡护管理的流程化可以提高架空输电线路通道管理的规范程度。根据不同管理区段制订不同的巡视周期，如在基建工地等易对通道造成破坏的区段，缩短巡视周期。按照外破隐患"色标分级法"对其进行分类，并依据巡视的重要与紧迫度合理调度人员，有效提升外破管理效率。巡视人员会实时记录通道中存在的问题及可能出现的隐患，并定期向相关部门汇报工作。对于一些紧急情况，要在第一时间联系运维单位与属地公司人员到现场察看与处理。基于有效的分区巡视管理，能够实现高效的通道管理，为线路稳定运行提供保障。

（4）优化设备精细化管理。架空输电线路管理中涉及的设备多且杂，因此需要实现设备的精细化管理。采用属地化管理可保证每一个管理人员都充分了解自身职责，并详细了解线路上的设备运转情况。对于一些投入使用的时间较长设备，需要对其特殊管理，缩短管理周期。其他设备按照属地公司要求定期对其进行核查与检修。此外，完善相关的损坏设备报备体制，能够保证第一时间对设备问题进行处理，从而保障架空输电线路的正常运转。

1.3.2 优势与挑战

1.3.2.1 属地化管理的优势分析

相对于传统模式，属地化管理的职责划分更为明确、执行措施更为高效。首先，市供电单位是所属线路安全运行的责任主体，负责所属线路的安全运行工作，负责对所属线路的消缺、故障巡视和专业巡视，负责督导所属县供电单位落实属地化工作管理责任，并对县供电单位属地化工作进行考核；县供电单位负责建立线路运维及设施保护属地化管理组织体系，建立属地化工作队伍，落实属地化管理责任，负责县域内线路通道运维、清除通道障碍、防外力破坏工作。管理职责明确划分，让各部门的负责任务更为明确，以此保证输电线路管理效率。其次，属地化管理让执行措施更为高效，如表1-1所示。

表1-1　　　　　　　　属地化管理执行高效的优势

评价项目	优势体现
线路巡视方面	线路巡视是输电线路属地化管理的中心工作，市供电单位在委托县供电单位开展属地化运维的基础上，按照一定周期对所属线路开展全面的专业巡视，采用徒步巡视和车辆巡视相结合的方式，根据线路通道状态分区段进行巡视。专业巡视项目按照 DL/T 741—2019《架空输电线路运行规程》开展，重点检查导地线线夹磨损、开裂，闭锁销开口、缺失或锈蚀，绝缘子端部开裂、电蚀等地面巡视不容易发现的缺陷
线路运维方面	市、县供电单位根据巡视周期管理要求，科学制订本单位属地化巡视计划及专业巡视计划。市供电单位对所属电力线路建立设备台账，包括线路名称、运行年限、起止杆塔号、重要交跨、特殊区段、通道情况等，并交付县供电单位。新建线路投产前，市、县供电单位要参加线路通道验收，明确新建线路通道属地化管理责任范围，线路一经投运即纳入通道属地化运维管理
清除通道障碍方面	县供电单位在巡视中发现线路保护区存在违章建筑物、违章树木、堆放易燃易爆物品、矿渣、腐蚀性物质等一般通道缺陷时，向违章责任人下发隐患通知书，并责令违章责任人限期清除，必要时向当地政府主管部门汇报，在政府主管部门主导下处理。如遇可能造成人身伤害或影响线路安全运行问题等特殊情况时，由市供电单位负责技术指导和安全监督
消除外力破坏隐患方面	县供电单位在巡视或特巡中发现电力线路保护区内出现严重、危急缺陷时，要立即制止，必要时在现场看守，防止外力破坏事件发生；遇有特殊情况时向当地政府主管部门汇报，在政府部门主导下进行处理

1.3.2.2 面临的问题与挑战

输电线路属地化管理存在的问题主要包含两个方面：一是日常巡检的难度大，依靠人工巡检的效率低、效果差；二是属地化管理机制不够完善，主要包括多部门协调机制、考核评价与事故追责机制等。具体体现在以下方面：

（1）属地公司巡检对象发生变化。以往属地公司的巡检对象主要针对 35kV 及以下电压等级的线路，供电所员工对超高压输电线路的巡检任务及注意事项了解并不多，在具体工作中，大多只是接触了抄表进户和低压报装等工作，很少参与对输电线路通道进行巡视的任务。

（2）考核评价机制不完善。在实施属地化管理工作之后，大多数的单位并没有充分的认识和关注到有关的工作考核机制和激励措施，即使有部分单位已经构建了相关的机制，但所构建的机制并不成熟。属地化考核机制不完善会直接导致属地公司和运维单位降低运维巡视与管理的积极性和完成度，且考核机制推行力度不高会造成企业上下管理和相关工作不能遵照有关制度进行，扰乱了正常的工作秩序，使企业内员工的工作风气受到较大的影响，对工作的态度不够认真、严谨，从而引起输电线路通道运维工作中失误的出现。

（3）运维单位与属地公司衔接问题。运维单位和属地公司之间是相互联系、相互监督，两者进行完善、明确的工作分配的前提就是运维单位和属地公司之间要有充分的衔接联系，但是在当前的输电线路属地化管理中，属地公司与运维单位的联动性较差，属地公司发现线路问题后，运维单位不能及时到达现场处理问题，存在一定的滞后性，进而导致属地公司不能实时跟进并处理问题，拖慢了整个维护进程。运维单位和属地公司之间的衔接也不仅仅是工作内容的分配，更包括技术的共享和资源的相互利用，如视频监控资源的共同利用。

1.3.3 管理升级的目标及措施

输电线路管理工作是确保输电线路安全稳定运行，根据 DL/T 741—2019，结合架空输电线路所处的实际情况，架空输电线路运维属地化管理的总体目标见表 1-2。

表 1-2　　　　　　　　　　　　　管理升级的总体目标

目标指标	具体描述
通道环境优化	架空输电线路通道运维属地化管理对通道环境要求较高，而输电线路在实际施工过程中可能留下较为复杂、与设计路线存在偏差的情况，就需要对通道内树林的覆盖情况、违章建筑的情况及与线路之间的安全距离进行管理，确保树木种植的情况不会出现在交、直流输电线路通道环境内，保证通道上不会存在对线路造成损坏与干扰的物件，如易燃易爆物品、人为活动遗留的杂物等。此外，需要确保巡线通道及桥梁不存在损坏的情况，保证通道的通畅与独立
精益化管理提升	输电线路通道运维单位和属地公司在运维属地化管理下能够将各自的工作职责进行更合理、更深入地分配和明确，在属地化管理工作的帮助下，推动精益化管理工作质量的提高，从而使通道运维属地化管理工作形成"一条主线，多点挂靠，全面共创"的良好局面；在大数据视频监控技术的应用下，对输电线路通道工作情况进行远程监控，能够使运维管理的工作效率得到提高。输电线路通道运维属地化管理能够加强运维单位和属地公司之间的沟通和交流，使运维单位和属地公司之间的资源和技术处于共享的局面，能够使大数据视频监控系统、无人机监控系统以及地面实际工作过程的资源进行共同利用，这样不仅能大大降低输电线路监测的工作量，解决人力定员不足的瓶颈，还能使监测的保障得到提高。精益化管理能够提高工作负责人或专责监护人的监护意识和责任意识，并使员工深刻意识到"工作负责人不在现场的不干"的意义
业绩指标可控	在开展通道属地化管理的基础上，进一步确定工作思路、明确工作职责、梳理工作内容、优化工作流程，不断增强政企联动力度，充分发挥护线网络体系作用，常态化开展通道巡视、清障、隐患处置工作，通过责任落实、定期督查、绩效考核等方式，全面落实通道运维属地化工作，确保区域内各电压等级输电线路不发生由通道因素引起的跳闸、故障停运事件，高压直流线路因通道因素造成的降压运行事件等
实践成果显著	通过有效的技术、技能培训，公司运维人员具备自主掌控通道状态的能力，并打造"一本资料台账册、一本通道状态图、一本技术指导书"的"三个一"数据库，形成一套立竿见影、行之有效的管理成果

为了达成以上目标，具体的提升措施如下：

（1）完善属地化工作体系。输电项目的属地管理工作，贯穿于项目前期规划设计到后期运行维护的全过程，涉及众多单位，期间往往由于职责衔接不明确，形成推诿扯皮现象。首先应该明确界定各部门工作职责，然后各部门根据在项目全过程所承担的责任和义务，分工到人、责任到户。以此形成上下级、不同机构、单位部门之间的管理组织协调联动机制。

1）建立与健全工作机制。输电线路通道运维属地化管理中"三级责任"是管理者应该注重并落实的重要内容。无论是供电公司还是劳务派遣人员，都要有明确的工作机制。工作机制不完善会使自身控制能力不强的工作人员在工作过程中减少工作内容，使检查线路运行的频率大幅度降低，从而使输电线路通道运维属地化管理工作质量大打折扣。

2）明确职责，细化流程。输电线路通道运维属地化管理中，属地公司对职责进行明确、运维单位对运维流程进行细化，能够使职责制度更加完善。在完善的制度下，如果输电线路出现故障问题或输电线路通道运维属地化过程中出现了意外情况，能够迅速找到相关问题的负责人，并在短时间内提出科学合理的解决方案，这样能保证输电线路通道运维属地化相关问题的解决得到制度的维护。如果出现违反管理规章制度的现象，也应该严格按照其规定进行警戒和惩治，使职责明确的意识不断深入输电线路通道运维属地化管理。

3）明确通道巡视周期。关于输电线路通道巡视的具体问题一定要在实际巡视开展之前，运维单位和属地公司做好充分的交流。考虑到实地巡视工作是一项对人力资源要求较高、耗时相对较长且工作内容覆盖范围较广的任务，为了保证实际巡视的工作质量，运维单位和属地公司要将实地巡视的工作人员数量和巡视的时间进行科学的安排，并在此基础上对通道巡视周期进行确定，在固定的工作时间得到确定后，运维单位和属地公司之间的配合度会逐渐提升，在实际巡视过程中出现的具体情况进行及时反馈和总结，能够不断完善在实际巡视中出现的不足，进而对巡视人员、巡视时间及巡视周期进行再调整和细化。

（2）成立专业班组。

1）建立人员培训机制。针对属地单位运维人员，薄弱环节，定期开展输电线路通道属地化管理工作的宣贯和培训，对属地化工作职责、属地化工作流程、通道运维巡视内容、安全风险意识、属地工作考核机制等进行系统授课，熟悉业务知识，提高属地工作人员专业素质和业务能力，提高全体人员对属地化工作的认识。定期召开属地化工作专题会，总结和通报前期工作，解决存在的问题。

2）实现巡护管理流程化。实现巡护管理的流程化可以提高架空输电线路通道管理的规范程度。首先，可以根据不同管理区段制订不同的巡视周期。在一些特殊区段如基建工地等易对通道造成破坏的区段，根据需要缩短巡视周期。按照外破隐患"色标分级法"对其进行分类，并按照巡视的重要与紧迫度合理调度人员，提升外破管理效率。其次，要求巡视人员实时记录通道中存在的问题及可能出现的隐患，并定期向相关部门汇报工作。对于一些紧急情况，要在第一时间联系运维单位与属地公司人员到现场察看与处理。可借鉴 PDCA 循环管理系统的优势，改善相关的管理流程，使通道管理更具体、更高效。

（3）调整内部考评体系。

1）建立部门绩效考评组织机构。为了绩效管理工作的顺利进行实现企业目标，保障企业战略的实现,需要建立健全的组织领导机构,成立企业绩效考核领导小组,组织框架如图1-2所示。

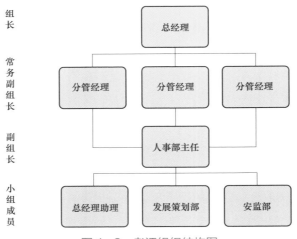

图1-2 考评组织结构图

各部门的职责范围如表1-3所示。

表1-3 各部门的职责范围

相关部门	职责范围
办公室	主要负责劳动纪律方面的考核工作,需要对以上内容具体情况进行动态的检查,并提出考核意见
发展策划部	主要负责汇总责任班组每个月的工作计划和安排,对各班组的工作进度情况进行跟踪,同时协调各班组开展运维检修工作
人力资源部	主要负责统计并汇总公司员工的考勤和文明办公的情况,需要对以上内容具体情况进行动态的检查
安全监察质量部	主要负责员工安规考试、安全管理指标的考核等方面的考核工作,需要对以上内容具体情况进行动态的检查,并提出考核意见
监察部	主要负责大修技改项目方面的管理及党风廉政建设与风气建设的考核工作,需要对以上内容具体情况进行动态的检查,并提出考核意见
思想政治工作部	主要负责员工工作态度方面的考核工作,需要对以上内容具体情况进行动态的检查,并提出考核意见
人事部	主要负责员工的奖励表彰工作,为员工发放薪酬福利

各考核责任部门需要对工作质量、效率以及协同配合情况进行考核,制订部门在日常管理中工作质量与效率的考核标准并提出考核意见;同时也要对一些部门协

同配合不力影响工作的情况进行追踪记录，提出建议。

2）建立健全相关标准和制度。在公司层面统一规范全员绩效管理模式，加强全员绩效管理观念，统一设定管控模式，从上至下，从个人到班组，对计划提出、计划审批与执行进行管控；统一绩效考核及会议的设置，通过运用绩效管理信息系统以及网站对绩效实时监控，通过年度或月度绩效分析会议以及部门总结会分析问题，对过程进行管控。

设置统一考核标准，运用先进的管理理念与绩效考核工具，如关键绩效指标（KPI）、经济增加值（EVA）、标杆评价等。根据系统价值标准对员工分类有针对性地设置响应绩效衡量与评价指标。

3）将"属地化"纳入考核奖惩中。各县区公司属地管理组织机构建设情况，作为属地管理开展相关工作的总体框架进行监督评价。各县区公司属地管理规章制度建立、责任制落实情况要明确到专责人，做到奖惩到人。

民事协调工作作为投标参考的重要资料，应当列入施工单位综合评价内容。属地供电公司民事协调工作表现纳入绩效考核体系，并且依据县区供电公司业绩考核的制度条例对月、季、年工作内容进行考核。同时做好表彰奖励工作，在属地化工作表现突出的单位可向总部提请表彰，对于一些突出的属地公司可优先推荐其项目设计或施工投标。各个县（区）供电企业应当成立属地化工作机构，对负责人及其职责加以明确，规范考核体系，以企业属地化工作管理办法为依据主动开展民事关系协调工作。发展策划部门、基建部门及运行检修部门共同组成属地公众考核小组，牵头部门依据部门职责分工进行考评，并以属地化具体工作情况为基础提出相关考核意见。

（4）改进信息化管控系统，逐步完善规范属地化工作信息资料。针对属地单位在日常巡视、蹲守巡视等过程中发现的通道隐患，建立完整的台账，做到基础资料齐全规范保管。结合 PMS 和 GIS 系统现有的台账资料，按 35、110、220、500kV 不同等级线路的基础资料分类归档，每一条输电线路有对应的设备台账、缺陷台账、技术手册、危险点台账、线路运行规程等基础资料。巡护员现场巡视记录当天录入存档，基础资料有专人管理，做到保存整齐完好、方便查阅。对所有输电线路按架设穿越乡镇建立规范齐全的属地档案，完善输电线路巡线员、乡镇供电所电工、群众义务护线员三结合护线网络。开发手机 App 应用软件，即在工程可行性研究阶段、工程施工图初步设计阶段，将输电线路工程的路径走向进行大体定位，并且将沿线的地形、地貌进行初勘，利用谷歌地图在软件上面呈现输电线路工程的路径、地貌等情况，全面征求发展部、建设部、运行检修部、属地县区公司等内部部门意见，即在工程可研、初步设计阶段，尽可能合理优化路径走向，避开民事关系复杂地区、压覆矿产区域、拆迁赔偿范围较大区域，软件的延伸升级可以为属地化管理工作中的工程前期管理提供信息化支撑保障，同时尽量避让工程建设施工过程中的民事协调难度大的区域，将工程施工前的属地化管理摸底工作提前至工程可研、初步设计阶段，并且将工作完成情况进行量化考核。

（5）发挥输电线路属地化管理优势。输电线路属地化管理能够充分发挥地域的资源优势，缩短管理链条，能够有效调动企业内部各层面资源和力量及各方面护线工作的积极性，充分发挥乡镇供电所和农电工环境熟、情况熟、信息快等优势，层层落实责任，使电力设施保护工作从"事后补救"走向"超前保护"，提高输电线路通道运维质量和效率，促进各项工作高质量完成。

属地化智慧管理总体设计

随着大数据、云储存、物联网/5G、人工智能、区块链（简称大云物移智链）等先进技术的兴起与跨领域应用，电力系统逐渐走向平台化、数字化，融合了"大云物移智链"的发、输、配、用电端管理，正逐步趋于透明化、智慧化。输电线路属地化管理面临的低效率、难协调等问题，只有通过创新管理技术，发挥平台与数字化管理优势，才能满足输电线路庞大的监测与巡检需求，实现智慧管理。本章将从属地化智慧管理技术的范畴、技术构架和属地化智慧管理方案三个方面，讲述智慧管理理念。

2.1　智慧管理技术范畴

输电线路属地化智慧管理技术是以坚持问题导向、服务生产和实践检验为基本原则，为提升线路运行的稳定性、保障运维人员安全，提高通道巡检效率而探索出的高效管理机制和创新技术手段。它包含管理制度体系和创新技术手段两个维度。广义而言，它是从线路现场问题出发，探讨在新的时代背景下，融合大云物移智链与输电线路管理技术，打造智慧输电，构成我国电力"数字新基建"发展模式和建设目标的重要支撑；狭义而言，则是利用传感采集、视频监控、远程控制等智能终端设备，基于移动/互联网、云存储平台，开展在线监测、大数据分析和人工智能应用，协助"人"来管理输电线路，大大降低安全事故发生率，实时反馈线路通道状态，及时处理或避免事故发生，有效提升线路运行的可靠性。

2.2 智慧管理技术构架

输电线路属地化管理模式的改革，是为了适应更广泛、更全面的线路通道巡检要求而提出的，从传统专业部门管理到属地化县级供电公司协助管理必然经历一个过渡期，在此过程中，属地化公司员工专业技能、巡检意识均相对缺乏，且业务调整后将大大增加运维人员的工作量，实际属地化执行的效果和目的均难以达成。因此，属地化管理改革不能仅停留在"划分任务，明确责任"的层面，还要重点研讨属地化巡检方式、部门协调、智慧管理等问题，以及如何降低人力成本、提高通道维护效率等。

输电线路属地化智慧管理技术的构架如图 2-1 所示，它是在输电线路属地化特征的基础上，充分利用无人机巡检、3D 建模技术、在线视频监控和大数据平台，为输电线路管理注入智能化元素，突出其智慧特征。针对各地在属地化的领导组织与部门协调、工作内容与责任分工、业务培训与人才培养、考核评价与奖惩标准等

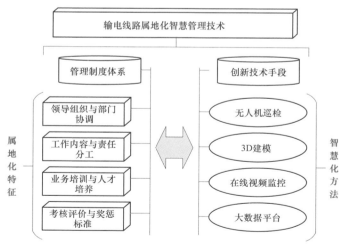

图 2-1 输电线路属地化智慧管理技术的构架

方面存在较大差异，本书结合了宜昌地区输电线路属地化管理经验，重点内容体现在属地化管理的创新技术方面，着重从无人机巡检、3D 建模、在线视频监控和大数据平台建设等角度，探索输电线路管理的新技术及其应用方法，为智慧输电线路的构建提供有力支撑和参考。

2.3　属地化智慧管理方案

从传统线路归属特征看，电压等级不同，负责运维管理的单位不同。如 500kV 及以上输电线路一般属省电力公司管辖，市级供电公司主要负责 220、110kV 输电线路管理，10、110kV 电压等级以下的输电线路则归属于县级供电公司。要实现所有电压等级线路的属地化，即县级供电公司参与巡检 500kV 以上的输电线路，在管理过程中涉及的参与单位、协同机制和责任归属呈现差异性，因此有必要从 500kV 及以上和 220kV 及以下两个层面，分别论述其属地化方法。另外，构成输电线路通道安全隐患的因素非常多 [如外力破坏（简称外破）、树障、覆冰、山火、鸟害、铁塔倾斜、悬浮物搭接等]，在此重点阐述外破和树障清障问题。

2.3.1　不同线路电压等级的差异化管理

2.3.1.1　500kV 及以上输电线路的属地化

（1）属地化实施内容。推进 500kV 及以上输电线路属地化管理，具体的实施内容包含巡视工作、属地化交接工作、信息报送和隐患处理四个方面，具体内容如表 2-1～表 2-4 所示。

表 2-1　　　　　　　　500kV 及以上输电线路巡视工作内容

序号	项目	具体内容
1	巡视分类	通道属地化巡视、专业巡视、特殊巡视、故障巡视和现场蹲守巡视
2	巡视职责	运维单位主要开展专业巡视、故障巡视； 属地单位主要开展通道属地化巡视和现场蹲守巡视

续表

序号	项目	具体内容
3	特殊巡视	时期：重大保电期、电网特殊运行方式期及大风、雷暴雨和低温雨雪冰冻等恶劣天气前后
		单位：运维单位、属地单位
4	统筹安排	运维单位每季度末将下季度的巡视计划提供给属地单位，属地单位据此按错开巡视时间的原则制订通道属地化巡视计划，提供给运维单位
5	巡视周期	对通道属地化巡视周期一般不超过 1 个月
		对隐患较多、状态不佳的通道应加大巡视频次，在特殊时段、特殊季节也应加大巡视频次，必要时安排现场蹲守
		专业巡视周期一般不超过 3 个月
		投运半年内的新建线路，专业巡视周期一般不超过 1 个月
		对通道和设备状态较差的输电线路应在此基础上适当增加巡视频次

表 2-2　　　　　　　　　500kV 及以上输电线路属地化交接工作

序号	项目	具体内容
1	前期工作	在通道运维属地化工作开展前期，运维单位要向属地地市公司提供对应区段线路通道状态图和通道状态清单、通道隐患（缺陷、故障）清单、相关基础资料及状态巡视计划等
2	在运线路交接工作	对在运线路，运维单位须在规定时间内填写完成"线路名称"至"维护单位"及其"责任人及电话"项交属地地市公司，并组织属地单位进行现场交底，现场交底期限依据线路长度和人员数确定；现场交底完成后在约定时间内，属地地市公司将运维单位提供的"责任区段及责任信息表"剩余部分、所在区域的特种作业车辆、司机信息统计汇总报送公司运检部、运维单位
3	新投运或改造线路交接工作	对新投运线路或改接、改造等异动线路，运维、属地单位要及时对相关责任区段和责任信息等进行动态更新、统计、相互共享，并在投运 1 个月内报送至省公司运检部；当责任区段、责任人等发生变化时，应及时告知相应运维或属地单位，并在变化后的 10 天内将更新信息报送至省公司运检部
4	"一对一"交底工作	运维单位、属地地市公司分别组织力量在前期通道属地化"一对一"现场交底工作的基础上，对通道状态和存在的隐患进行再次现场核实，双方签字确认
5	验收工作	对新建、改（扩）建输电线路，运维单位要组织相关通道运维属地化地市公司参与验收工作，属地单位要积极响应和服从运维单位的验收工作安排。验收工作完成后的一个月内，建立通道属地责任信息，完成通道状态、隐患和相关基础资料的交接工作

表 2-3　　　　　　　　　500kV 及以上输电线路属地化信息报送

序号	项目	具体内容
1	信息联动	运维单位与属地单位间应建立有效的联动机制和联络责任信息，保证信息报送渠道畅通、及时

序号	项目	具体内容
2	属地单位责任	属地单位建立通道状态、隐患台账,并按月统计属地范围内所有通道隐患及处理情况,并于每月5日前向公司运检部、运维单位报送上月"通道隐患(缺陷)统计表"、通道隐患(缺陷)记录、通道隐患(缺陷)消除记录表报告运维单位; 属地公司在发现通道类严重危急隐患(缺陷)后应立即电话告知运维单位,同时及时处理或采取防范措施,并在之后3h内填写报送严重危急隐患(缺陷)报告单至运维单位
3	运维单位责任	运维单位负责对属地单位报送的隐患信息及处理信息进行核实和风险评估、建立(更新)通道隐患台账、PMS系统通道隐患数据录入直至流程结束等工作;同时将通道隐患核实、评估结果反馈给相应属地地市公司。 运维单位对在专业巡视和故障巡视过程中发现的通道隐患也应及时通知属地单位进行监控和处理
4	车辆信息报备	属地地市公司按季统计更新特种作业车辆信息,于每季第1个月5日前向公司运检部、运维单位报送上季所在区域的特种作业车辆、司机更新信息

表 2-4   500kV 及以上输电线路属地化隐患处理

序号	项目	具体内容
1	隐患处理原则	为规范树障、防山火通道砍伐和外破隐患处理等工作管理,统一砍伐或处理标准,通道树障砍伐和外破隐患等的处理按照"属地单位组织实施,运维单位事前要求指导、事中督导检查、事后验收评估"的原则进行。 属地单位认为确需运维单位现场提供技术支持或核实时,运维单位应及时到位指导、确认
2	属地单位隐患处理流程	属地单位在日常巡视、蹲守巡视等过程中发现的通道隐患,除按要求建立台账、报送信息外,按以下流程处理:属地单位将隐患情况报运维单位,运维单位进行评估确认,并将危急程度、处理方案、处理范围和要求等告知属地单位。对树障和防山火通道,属地单位联系产权人或当地政府,组织砍伐清障;对外破隐患,运维单位向责任人下发隐患整改通知书,属地单位协调联系当地政府相关部门,配合消除隐患或采取防范措施,做好相关记录资料留存工作。运维单位对属地单位隐患处理、树障通道砍伐情况进行验收确认
3	运维单位隐患处理流程	运维单位在属地化工作开展前后的专业巡视、故障巡视等过程中掌握和发现的通道隐患按以下流程处理: (1)外破等隐患:运维单位将隐患情况、危急程度、处理方案等及时告知属地单位,给责任人下发隐患整改通知书,属地单位协调联系当地政府相关部门,消除隐患或采取防范措施。 (2)树障、防山火通道等隐患:运维单位将隐患情况、危急程度、清理范围、要求及时告知属地单位,属地单位及时联系产权人和当地政府主管部门,并组织砍伐清障,运维单位验收确认
4	山火预警及处理措施	属地公司发现的山火隐患(预警),属地公司向运维单位报告山火预警,运维单位须针对接收信息按国家电网有限公司山火预警处置意见的要求,及时向调度部门报告、提出采取相应措施的应急处置申请,同时属地公司联系当地政府相关部门、组织力量加强监控、采取防范措施;运维单位发现的山火隐患(预警),由运维单位直接向调度部门报告、提出采取相应措施的应急处置申请,同时告知属地单位联系当地政府相关部门、组织力量加强监控、采取防范措施

(2)职责明晰。为落实高压输电线路属地化管理,保障管理效率,需从运维单位、属地公司运检部、属地化管理中心和属地县(市)公司等四个层面明晰职责,

具体内容如表 2-5～表 2-8 所示。

表 2-5　　　500kV 及以上输电线路属地化运维单位主要职责

序号	项目	具体内容
1	责任主体	负责所属线路本体（包括地网、护坡、挡土墙等）的运维工作，是所辖线路本体运维的责任主体
2	联动机制	负责与属地单位建立有效的联动机制，向属地公司提供对应区段线路通道状态、本体基础资料、状态巡视计划等，将巡视中发现的通道隐患及处理信息与属地单位互通、共享； 负责向属地单位现场完成"一对一"交接； 负责开展联合巡视和专业技能培训工作
3	指导—检查—验收	负责对属地单位通道运维、通道隐患处理、通道砍伐、塔基清理等工作进行事前提出需求并进行指导、事中督导检查、事后验收评估
4	安全监护	负责配合属地单位做好通道隐患消除过程中的安全管理和现场安全监护等； 根据工作需要，负责开具隐患处理工作票
5	数据录入和结果反馈	负责属地单位发现的隐患核实和风险评估、隐患处理验收、建立（更新）通道隐患台账、PMS 系统通道隐患数据录入等工作；负责将通道隐患核实、评估结果反馈给运维检修部（检修分公司）和相应属地公司
6	故障处理	负责所辖输电线路故障跳闸事件的故障点查找、故障原因分析和故障信息上报等工作
7	调查索赔	负责联系属地市公司协助开展线路外力破坏事件的调查处理和依法索赔工作
8	组织验收	负责组织相应属地市公司参与新建和改（扩）建输电线路工程验收工作

表 2-6　　　500kV 及以上输电线路属地化属地公司主要职责

序号	项目	具体内容
1	负责属地化工作的归口管理	协调解决属地化工作中的重大、难点问题；与属地公司签订输电线路通道运维属地化管理责任书；参与特殊区段、重要交叉跨越段、存在较大安全隐患的通道交接
2	管理制度制订	负责组织制订属地化工作管理制度、办法
3	工作管理	指导属地公司做好输电线路通道属地化管理工作
4	工作考核	负责属地化工作的检查和考核
5	费用管理	负责落实属地化工作专项费用，并检查费用使用情况

表 2-7　　　500kV 及以上输电线路属地化管理中心主要职责

序号	项目	具体内容
1	制订管理体系	负责履行属地化管理责任，建立、健全属地化管理组织体系和护线工作机制，成立属地化管理中心配合公司运检部完成各项工作； 负责落实辖区内每条输电线路通道属地化工作责任人，签订输电线路通道属地化管理责任书，并将属地责任信息报公司运检部（检修分公司）和运维单位备案

序号	项目	具体内容
2	配合运维单位工作	负责梳理运维单位提供的通道状态、隐患交接清单，按属地原则整理出各属地单位重要交叉跨越段、特殊区段、通道重点关注区段等资料； 负责配合运维单位完成通道隐患处理工作； 结合运维单位巡视周期，制订巡视计划； 督促所属供电所按本细则和运维单位要求，开展线路通道巡视检查、通道隐患处理、通道砍伐、塔基植被清理等工作； 接受运维单位指导、督导和对其隐患处理、通道砍伐完成后的验收； 协助运维单位开展线路通道故障查巡
3	信息管理	负责建立、维护公司范围内属地化工作群，并结合"二十四节气表"编制、发送各类指导性提示短信； 负责建立辖区内输电线路通道隐患台账，并与运维单位建立有效的联动机制，做好相关的沟通协调、信息报送等业务联系工作
4	安全教育	开展电力设施保护宣传、特种作业车辆和司机信息登记建档工作，配合运维单位组织开展输电线路安全教育培训工作
5	调查索赔	负责联系属地政府行政主管部门开展通道隐患、障碍防范、处理和外力破坏事件的调查处理及索赔工作
6	参与验收	参与500kV及以上输电线路新（改、扩）建工程验收工作
7	资料管理和奖惩	负责督促对新发现的通道隐患采取对应的技防、人防措施； 负责发现的线路危急、重大隐患认定和奖励； 负责属地化工作相关资料的汇总、分析、检查和总结

表2-8　　500kV及以上输电线路属地化属地县（市）公司职责

序号	项目	具体内容
1	工作落实	负责落实线路通道保护区周围新建、翻修房屋，开挖取土等项目的电力报装会签手续[受理用电（含施工电源）报装前，必须通知运维单位进行现场勘察，签字同意后实施]
2	协调配合	负责协助处理输电线路通道内违章建房、植树、吊装等外破隐患； 负责通道内树障砍伐的相关协调工作，并做好记录
3	宣传工作	负责配合、组织开展电力设施保护宣传工作，做好辖区内输电线路防山火、防焚烧工作
4	防外破工作	做好辖区内输电线路防外破工作，对违反电力设施保护规定，收到隐患整改通知单而拒不整改的施工现场，配合停止供电，督促整改
5	信息报送	负责按要求向属地化管理中心和运维单位报送线路通道内隐患信息，确保信息真实、有效

2.3.1.2　220kV及以下输电线路属地化

为确保电力设施安全稳定运行，不发生因外破及树障等引起的电力设备故障，充分发挥县（市）公司地域优势，提高线路通道运维工作质量和效率，促进输电线路安全生产管理，保障电网安全稳定运行，结合输电线路实际运行情况，按照"统一标准规范、分层分级负责、高效协同运转"的原则，建立输电线路属地化管理的"三级责任"管理模式，即市、县、乡镇供电所进行三级责任管理，明确各级管理职责，落实责任，确保输电线路安全稳定运行，确保责任到位、措施到位、工作到位。

（1）属地化实施内容。对于 220kV 及以下输电线路属地化工作，主要从隐患排查、隐患通报和隐患处理三个方面开展工作，具体如表 2-9 所示。

表 2-9 220kV 及以下输电线路属地化管理内容

序号	项目	具体内容
1	隐患排查	外力破坏隐患：在电力设施保护区附近开挖、取土、平整场地；在电力设施保护区内新建（构）筑物；在电力设施保护区附近修建公路；吊车、塔吊、混凝土输送泵车、搅拌车、斗臂车、翻斗车等大型机械在电力设施保护区内的施工作业行为；电力设施保护区内堆放易燃、易爆物品；电力设施 500m 内有采矿、开山等作业行为；电力设施 500m 内有爆破行为；电力设施保护区内存在焚烧秸秆或垃圾、烧荒、烧纸钱等行为和山火；在电力设施附近钓鱼、燃放焰火、放风筝、放孔明灯、展放彩带、气球、飞艇、抛物等可能造成电力设施异物短路的行为；车辆碰撞杆塔基础、导线和水上船舶碰线等事件；不法分子采取不正当手段，将电力设备据为己有，从而导致电力设施遭受损坏或发生事故的行为
		树障隐患：电力设施保护区内树木接近导线对树木的安全距离（安全距离见附录 G）；线下栽种树木等行为
		其他危及电力设施的隐患
2	隐患通报	发现输电线路外破、树障及其他隐患后要及时向设备运行单位通报
		发现紧急隐患应立即向设备运行单位通报，并现场制止危及电力设施的行为
		发现危急情况应立即通报，并迅速采取有效措施处理
3	隐患处理	协助开展电力设施保护宣传，协助送达线路通道内隐患告知书，及时制止危及线路安全的行为
		协助与当地政府主管部门协调联系，配合运维单位清除线路通道障碍及外力破坏隐患
		各属地单位在输电线路通道运维过程中，有责任发现线路通道以外的输电线路隐患

（2）职责明晰。为落实 220kV 及以下高压输电线路属地化管理，保障管理效率，需从运维单位、属地公司运检部、属地县（市）公司安全运检部、属地化责任单位和责任人五个层面明晰职责。其中，220kV 电压等级输电线路的运维单位及属地公司所要履行的职责与 500kV 电压等级输电线路运维单位的职责相同，如表 2-5 和表 2-6 所示，属地县（市）公司安全运检部、属地化责任单位和责任人职责如

表 2-10～表 2-12 所示。

表 2-10　220kV 及以下输电线路属地县（市）公司安全运检部主要职责

序号	具体内容
1	指导、监督、检查、考核电力设施保护和线路通道运维属地化管理责任单位工作
2	负责属地区域内线路运维的协调配合工作。收集、上报线路通道内施工作业、山火等外破隐患
3	负责与运维单位进行线路通道属地化相关工作的沟通协调、业务联系和资料报送备案等工作
4	协助开展线路外力破坏事件的调查及处理，协调公安机关制止和处理危害电力设施安全行为
5	协助运维单位送达线路通道内隐患告知书，协助责任单位及时制止危及线路安全的行为
6	每年年底组织一次线路通道运维管理达标评比活动，促进线路通道运维管理水平整体提高

表 2-11　220kV 及以下输电线路属地县（市）公司属地化管理责任单位职责

序号	项目	具体内容
1	负责属地化工作的归口管理	将辖区内每条线路通道运维属地化管理和 220kV 变电站属地化责任工作落实到每个责任人（人员变动及时调整），并报安全运检部备案
2	建立台账	建立线路通道运维属地化管理工作资料台账《巡视记录》《线路通道运维属地化管理责任划分一览表》
3	监督管理	督促、监督、检查线路通道运维属地化管理工作
4	报送报表	每季度最后一个月 25 日前将《输电线路通道运维属地化管理工作报表》《变电站属地化责任季报表》报安全运检部
5	配合工作	协调运维单位与所在乡镇（办事处）政府和各相关部门的联系；配合运维单位清除线路通道、变电站保护区障碍及外力破坏隐患；向运维单位提出工作加强和改进合理化建议
6	调查取证	协助做好线路外力破坏事件和外破隐患的调查取证工作
7	培训	配合运维单位对所属员工进行运维技术指导和专业技能培训

表 2-12　220kV 及以下输电线路属地县（市）公司属地化管理责任人职责

序号	具体内容
1	按照线路通道巡视原则和内容要求进行巡视并填写相关记录
2	发现、报告所负责线路通道内各类障碍和隐患
3	及时制止所负责线路通道内危害线路安全行为
4	协助本责任单位完善更新线路通道运维属地化管理工作资料台账
5	接受运维单位的技术指导和专业技能培训

2.3.2 属地化智慧管理的重点任务

输电线路管理面临的重点是外破隐患与树障隐患，前者主要是人为因素造成的，如工程机械误碰线路、风筝类漂浮物挂接导线、其他外破等；后者主要是自然原因造成的，如树竹障碍、地质气象灾害等。线路通道外破隐患管理与清障管理是高压输电线路长期面临的两项重点巡检任务，本章着重论述。

2.3.2.1 外破隐患管理

建立通道区域内外破点档案，实行动态分级管理，外破隐患管理流程如图 2-2 所示。首先，输电运检室负责及时到现场核实外委队伍上报的外破隐患信息，与运维单位做好沟通协调，根据现场实际情况进行风险等级划分（三级、二级、一级），制订有效防范措施；其次，要审核外委队伍外破专班制订的防外破特巡月、周计划，并检查外委队伍执行情况。

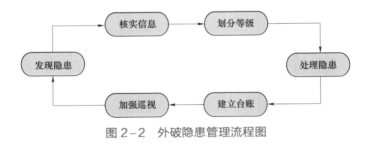

图 2-2 外破隐患管理流程图

对于通道内违章建房、植树、施工等外破隐患事件和在线路保护区新建、翻修房屋，必须现场勘查，输电运检室参与报装流程的审批，并紧密联系当地供电所，争取当地政府和村组的支持。对于发现的外破隐患点，严格按照审核流程通过后的计划开展特巡、蹲守，直至隐患消除，并及时使用"工作联系单"通报运维单位，建立属地化通道外破相关资料台账，并对所有外破隐患建立"一患一档"闭环管理。

输电线路通道运维属地化工作隐患处理流程见图 2-3，主要包括发现和报送隐患、核实和认定、现场管控和处理三个环节。

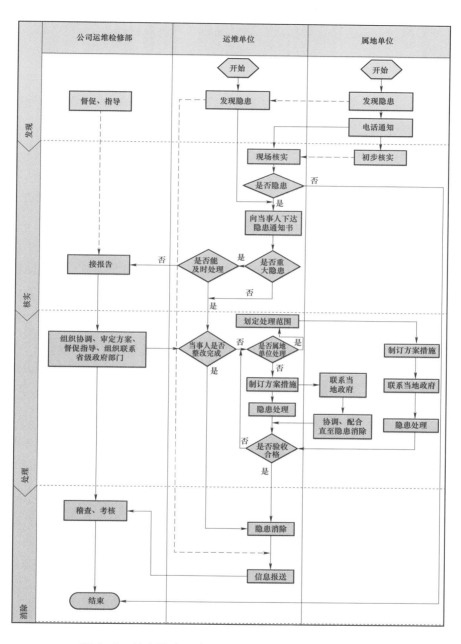

图 2-3　输电线路通道运维属地化工作隐患处理流程图

（1）发现和报送。运维单位、属地单位（输电运检室、县公司）巡视人员应及时发现外破隐患，双方第一时间进行信息互通（以工作联系单的方式进行过程管控）。对危及线路设备安全的行为，现场应立即制止。

（2）核实和认定。根据约定的现场核定时间，运维单位、属地单位（输电运检室、县公司）一起到现场核查，"双方认定"，现场认定外破隐患等级，对外破隐患施工全周期有可能出现的安全风险进行预判，有针对性的制订后期管控的人防和技防（如限高门、防撞墙、隔离网、在线监控装置等）措施，并提出防范方案，明确运维单位、属地单位（输电运检室、县公司）各自的管控要求。双方现场认定结果交运维单位建立外破隐患档案，运维单位根据外破隐患类型、等级，对属地单位（输电运检室）外破管控进行事中督导检查、事后验收评估。

（3）现场管控和处理。对于"双方认定"的外破隐患点：由设备运维单位下达《隐患告知书》《隐患整改通知书》，全面掌握外破隐患的相关信息。运维单位主管督导、属地单位配合协调，在外破隐患未消除前，双方根据审定结果中的人防措施落实巡视周期（特巡、蹲守）、巡视监督，属地单位每周将巡视记录发送运维单位核查。对"双方认定"现场提出的技防措施，按现场协定的要求落实。

对于情况发生变化的外破隐患点：在管控过程中的外破隐患点安全风险升高、降低或消除，由属地单位书面向运维单位提出再次认定核实申请，再次进行"双方认定"。准备消除的外破隐患点，必须由运维单位验收合格，方可消除。

外破隐患的管控和处理中，由运维单位主管督导、属地单位配合协调，联系协调当地政府相关部门，直至隐患消除；对运维单位、属地单位暂时均无法及时处理的重大隐患，书面报告公司设备部。

2.3.2.2　线路通道清障管理

为了加强线路通道清障管理，首先要建立完善的清障制度，其次是实施痕迹化的管理模式，最后采取统一标准执行。

（1）清障制度。为加强树障清理工作，确保输电线路安全稳定运行，杜绝因树障或清障所造成的线路跳闸事故，规范管理，实现树障缺陷闭环管理，结合实际制订输电线路属地化树障清理管理办法。为保障通道树障清理工作及时有效开展，电力公司根据设备运维单位每年下发的年度清理计划、属地单位月巡发现的树障，结合区域内树种分类及生长周期表（见图 2-4），对线路走廊内的树障开展差异化清理，安排月度砍伐计划。

图 2-4　宜昌区域树种分类及生长习性图表

（2）痕迹管理。结合本地区域的实际情况，对清障工作实行劳务分包。属地化输电线路树障清理管理职能隶属属地化管理中心，管理中心要求劳务承包方应根据需要提供充足的劳务人员，并且所派遣的劳务人员应有从事树障清理相关工作经验或经所在公司安全教育及相关专业培训合格后的人员，同时在输电运检室安监部门备案。属地班组清障负责人应按要求组建树障清理工作专班，全面负责树障清理现场的安全、质量、协调以及验收资料的收集整理上报工作。

清障工作应在监护人员的监护下开展作业，严禁工作负责人（监护人）不在现场开始工作，即坚持同进同出。清障应提前做好现场勘查工作，做好危险点分析，制订有效防范措施。现场勘查若发现特紧急、超高、偏坡的树障，应及时向属地班组负责人汇报，属地班组负责人应及时赶到现场进行确认，并根据情况安排专人清理。各属地班组负责人对复杂、危险、不能确保安全的树障清理工作，须提前报设备运维单位，由设备运维单位人员执工作票现场指导与监护。如设备运维单位未到现场进行现场指导与监护的，禁止砍伐工作。

严格按清障工作计划表实施，由运维单位结合树木生长习性按季度发送树障清理计划表，属地班组接到管理中心的清障计划表后，按照紧急树障（交流 7m 及以下、直流 7.5m 及以下）及重要线路树障优先处理的原则，制订每月和每周的清障计划，并提前通知设备运维单位，由设备运维单位派人参加现场清障指导与监护和树障验收工作。杜绝因清理不及时而发生线路跳闸事故。

（3）统一标准。电力部门应充分发挥政府主导作用，和经济和信息化局、公安局、林业局、园林局等部门进行联动，规范清障流程，形成通道砍伐标准统一，树竹障清理规范的通道治理模式。对于"问题户"和历史问题，电力部门争取政府职能部门的支持，发挥乡镇村及县市公司的协调作用，通过政府督办，加大清障力度。紧紧依托政府各级力量，加强与设备运维管理单位的沟通协调，同时主动对接林业部门，按要求办理林业砍伐证，进行依法清障。

无人机巡检技术

无人机技术源自军事运用，近年来在民用方面也取得了快速发展，特别是在电力系统中，输电线路巡检采用无人机可大大提高巡检效率和巡检质量。本章主要从无人机发展概况、输电线路巡检及具体应用方面进行阐述。

3.1 无 人 机 简 介

无人驾驶飞机简称"无人机"（Unmanned Aerial Vehicle，UAV），是利用无线电遥控设备和自备的程序控制装置操纵的不载人飞行器。无人机实际上是无人驾驶飞行器的统称，从技术角度定义可以分为固定翼无人机、垂直起降无人机、无人飞艇、无人直升机、无人多旋翼飞行器、无人伞翼机等。无人机最早被应用于军事，与载人飞机相比，具有体积小、造价低、使用方便、对作战环境要求低、战场生存能力较强等优点。依据无人机的气动构型、尺寸等特点进行分类，无人机一般分为三类：

（1）固定翼无人机是指需要通过跑道进行起降的具有机翼的无人机，或者通过弹射发射的无人机，这些无人机一般具有较长的航时和较高的巡航速度。

（2）旋翼无人机也称垂直起降无人机，具有空中悬停和高机动性的优点。旋翼无人机有主旋翼和尾旋翼，也有同轴旋翼、两旋翼、多旋翼等。

（3）扑翼无人机具有像昆虫或鸟类一样灵活多变的机翼，也有其他一些混合构型或可变形构型。可以垂直起飞并可倾斜旋转，像飞机一样飞行。

民用无人机主要应用于以下几个领域：

（1）电力巡检领域：装配有高清数码摄像机、照相机及 GPS 定位系统的无人机，可沿电网进行定位自主巡航，实时传送拍摄影像，监控人员可在电脑上同步收看与操控。无人机实现了电子化、信息化、智能化巡检，提高了电力线路巡检的工作效率、应急抢险水平和供电可靠率。在山洪暴发、地震灾害等紧急情况下，无人机可对线路的潜在危险（诸如塔基陷落等问题）进行勘测与紧急排查，丝毫不受路面状况影响，既免去攀爬杆塔之苦，又能勘测到人眼的视觉死角，对于迅速恢复供电很有帮助。

（2）农业保险领域：利用集成了高清数码相机、光谱分析仪、热红外传感器等装置的无人机，准确测算投保地块的种植面积，所采集数据可用来评估农作物风险情况、保险费率，并能为受灾农田定损，此外，无人机的巡查还实现了对农作物的监测。无人机在农业保险领域的应用，既可确保定损的准确性及理赔的高效率，又能监测农作物的正常生长，帮助农户开展针对性的措施，以减少风险和损失。

（3）环保领域：无人机在环保领域的应用，大致可分为三种类型：① 环境监测，观测空气、土壤、植被和水质状况，也可以实时快速跟踪和监测突发环境污染事件的发展；② 环境执法，环监部门利用搭载了采集与分析设备的无人机在特定区域巡航，监测企业工厂的废气与废水排放，寻找污染源；③ 环境治理，利用携带了催化剂和气象探测设备的柔翼无人机在空中进行喷撒，与无人机播洒农药的工作原理一样，在一定区域内消除雾霾。

（4）影视剧拍摄领域：无人机搭载高清摄像机，在无线遥控的情况下，根据节目拍摄需求，在遥控操纵下从空中进行拍摄。无人机实现了高清实时传输，其距离可长达 5km，而标清传输距离则长达 10km；无人机灵活机动，低至 1m，高至 4～5km，可实现追车、升起和拉低、左右旋转，甚至贴着马肚子拍摄等，极大地降低了拍摄成本。

（5）确权问题领域：大到两国的领土之争，小到农村土地的确权，无人机都可上阵进行航拍。实际上，有些国家内部的边界确权问题，还牵扯到不同的种族，调派无人机前去采集边界数据，有效地避免了潜在的社会冲突。

（6）快递工作原理：无人机可实现鞋盒包装以下大小货物的配送，只需将收件人的 GPS 地址录入系统，无人机即可起飞前往。

（7）灾后救援领域：利用搭载了高清拍摄装置的无人机对受灾地区进行航拍，提供一手的最新影像。无人机动作迅速，起飞至降落仅 7min，就已完成了 100 000km² 的航拍，对于争分夺秒的灾后救援工作而言，意义非凡。此外，无人机保障了救援工作的安全，通过航拍的形式，避免了那些可能存在塌方的危险地带，将为合理分配救援力量、确定救灾重点区域、选择安全救援路线及灾后重建选址等提供很有价值的参考。此外，无人机可全方位地实时监测受灾地区的情况，以防引发次生灾害。

（8）遥感测绘领域：遥感就是遥远的感知，广义来说，就是没有到目标区域去，利用遥控技术，进行当地情况的查询。狭义上讲，就是卫星图片及航飞图片。测绘遥感就是利用遥感技术，在计算机上进行计算并且实现测绘的目的。

电力系统中，无人机应用于以下几个方面：

（1）自主巡检：机巡人员在事先制作的高精度线行三维地图上规划好航线，应用厘米级实时定位技术，无人机即自动巡视指定线路，并通过 AI 自动检测设备并发送回诊断结果数据，后台控制室可即时掌握输电导线、地线、金具、绝缘子及铁塔运行情况。无人巡检包括正常巡检、故障巡检和特殊巡检。

（2）三维建模：无人机输电线路空间距离测量技术可实现"小型电动无人机＋微型激光测距仪"的集成适用，通过融合激光点云、DOM、DEM、高清影像、多光谱、红外摄影、视频影像等数据，可形成输电线路通道的可见光合成图和激光三维模型，建立起文字、可见光合成图、三维模型"三位一体"的信息库，实现真实场景重建，直观展示输电通道运行状态。

（3）异物除障：针对高压输电线路上各种可燃异物的清理问题，利用六旋翼无人机携带喷火装置，采用燃烧的方法清除异物。使用该装置的工作人员无须靠近输电线路，通过远程遥控即可在带电情况下快速清除塑料薄膜、风筝线等异物，使原来数小时的清障时间缩短到数分钟，不仅提高了效率，还降低了安全作业风险。

（4）线路架设：在输电线路施工过程中，线路走廊长、地形情况复杂，线路所经地区山谷河流、茂密森林，给线路架设带来极大不便，工程实施困难重重。为有效破解生态环境保护和架线施工的矛盾，可运用无人机展放导引绳来进行架线施工轻松解决。无人机首先沿线路上空飞行并施放一根轻质高强导引绳通过各基塔，然后利用这根轻质引绳不断牵引后续引绳，直至牵通一根三级引绳并架设导线。通过这种方式，解决了人力展放导引绳的高强度和动力伞展放导引绳着陆困难等问题，也减少了线路通道的树木砍伐，最大限度地保护了自然生态。

（5）线路规划：利用固定翼无人机进行电网工程的地形测量，为电网工程地形图设计提供影像、高程等详细基础资料作为保障，最大限度减少地形图绘制过程中出现误差的可能性，提高地形图规划设计的质量和效率，为电网工程建设提供科学的依据，进而为电力系统的安全、稳定运行奠定坚实的基础。

电力领域中，线路巡检是保证架空线路正常运行的重要手段。随着我国输电线路的快速发展，线路巡检工作面临着作业强度大、周期长，部分线路环境恶劣等问题，传统的人工巡视方法面临巨大挑战。与此同时，鉴于近年来无人机技术的发展及电力输送与巡检在电力领域中的重要性，因此积极引进新型无人机巡检技术，以此来提高输电线路巡检工作的自动化程度，改进输电巡检的工作模式。

3.2　无人机在输电线路巡检中的应用

无人机电力巡检技术融合了多个尖端学科，涵盖了包括航空、通信、图像识别等技术领域。无人机平台的电力线路巡检系统由于操控方式灵活、运营成本低的特点，得到了电力企业的认可和大规模推广应用，成为电力巡检和建设规划领域新的发展方向，正逐步形成以"无人机巡线方式为主，人工巡线方式为辅"的电力线路巡视新模式。该模式显著优势包括：① 远程操控，安全系数高，不会导致人员意外触电伤亡；② 带电作业，不影响电网正常运行；③ 适用场合广，受地形和天气环境的影响较小，适合恶劣地理条件下或抗灾抢险期间的电力巡线任务；④ 机动性强，偏远山区或突发性应急故障能做到快速响应、快速部署，节约排障时间；⑤ 检测精度高，无视觉盲区，近距拍摄可以捕捉更多细节，不仅能检测常见的缺陷故障，还可以通过精细化巡检探测到销钉缺失、螺帽裂痕等人工巡线难以发现的安全隐患；⑥ 劳动强度低，作业效率高，减少了人力爬塔环节，降低安全风险。

目前常用的巡检方式有传统人工巡检、载人直升机巡检、特种巡线机器人巡检以及无人机巡检。在巡检运维工作中，基于不同无人机的优劣制订优势互补的无人机巡检梯队，将不同无人机进行混合搭配更有利于不同环境下电力巡线工作的开展。

3.2.1　无人机巡检系统结构

输电线路无人机巡检工作主要是对线路本体、附属设施等进行有效检查和巡视，明确输电线路的运行状态，便于及时发现输电线路运行中出现的问题。输电线路巡检工作采用人工地面巡检的基本形式，不同类型的巡检工作有不同的工作要求，需要合理安排无人机巡检路径。为更好地满足输电线路巡检工作要求，要了解线路的运行情况，综合性分析各方面影响因素，实现对现有资源的科学运用，以此保证输电线路运行的稳定性和安全性。

输电线路的智能无人机系统以输电线路所处的地理情况、相关的巡检工作要求作为主要依据，智能无人机系统主要有三种类型的无人机机型：第一种是固定翼无人机，主要是通过便携的操作方式、比较长久的航时性能及高清的数码相机等来实现对走廊三维高清图片的收集工作；第二种是复合式无人机，主要是通过垂直起降的工作方式、飞行快速、长时间的航时及三轴增稳可见光吊舱实现低走廊快速巡检视频的采集工作；第三种是多旋翼无人机，主要是通过空中悬停的方式及三轴增稳双光吊舱，实现对塔架巡检和缺陷照片数据的获取工作。通过对上述三种无人机机型的引进，能够更好地适应各种不同的需求和工作环境，有效提高巡检工作的工作效率与准确度，实时采集输电线路的实际情况，通过相关数据的获取，结合人工的方式查询和判断输电线路中出现异常状况的主要原因，及时采取合理有效的处理措施，在最大限度上保障输电线路运行的安全性以及稳定性。

在目前应用的输电线路无人机巡检系统中，主要包含多旋翼无人飞行器系统（UMRS）和地面站系统（GSS）两大部分。该系统一般组成结构如图 3-1 所示。同时，也有部分输电线路无人机巡检系统，将地面站系统改为移动监测站系统，移动监测站根据实际情况分为地面移动监测站与空中移动监测站两种。另外，还设置了后台上位机系统，以便后台工作人员也能及时了解现场情况，并对现场工作人员难以决断的复杂问题及时提供解决方案。

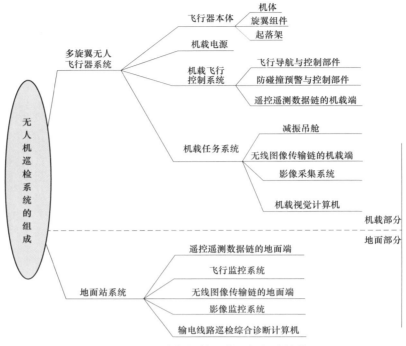

图 3-1 无人机巡检系统一般组成结构

　　在系统设计方面，输电线路巡检无人机可用多螺旋桨飞行器控制装置来实现，该装置由飞行控制模块、电机调速模块、无线通信模块、传感器模块和实时拍摄模块构成，其组成框图如图 3-2 所示，图中无线通信模块为 GPRS 通信模块。实时拍摄模块为 1 台带有无线传输功能的高清摄像机。飞行控制模板中的主控芯片负责飞行控制的相关运算，统筹管理硬件资源；协处理器负责传感器设备的管理与数据采集。飞行控制过程中需要多种传感器的实时参数，陀螺仪为系统提供姿态参数，加速度传感器提供加速度参数，高度计向系统反馈飞行高度，GPS 装置提供导航或轨迹飞行服务。协处理器 STM32F103 预留 SPI 或者 I2C 接口以便接入更多的传感器。

　　输电线路巡检无人机工作流程为：地面遥控站发送无线控制信号，无线通信模块接收到信号后将数据传送到飞行控制模块，主控制芯片对来自协处理器的传感器信息进行计算处理，然后输出控制信号到电机调速模块，控制电机的转速。协处理器不断接收来自传感器模块的数据，并对数据进行初步处理，而后将数据发送到主控制芯片,协处理器还负责系统开机时传感模块的初始化。实时拍摄模块将拍摄到的信息传输到主控制芯片,主控制芯片将相关信息传送给无线控制模块,无线控制模块再将其发送到地面或空中移动监测站。

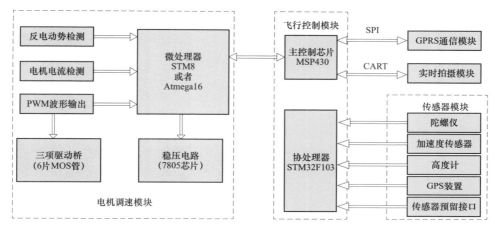

图 3-2　巡检无人机组成框图

在系统运行方面,输电线路无人机巡检系统由一个移动监测站、数个无人机飞行器及后台上位机构成。其中,移动监测站可以根据检测地点的位置分为地面移动监测站和空中移动监测站。一般情况下,考虑到节约成本等问题,多采用地面移动监测站。在某些自然条件特殊的情况下,考虑到安全方便等问题,采用空中移动监测站。无人机巡检系统通信设备构成如图 3-3 所示。

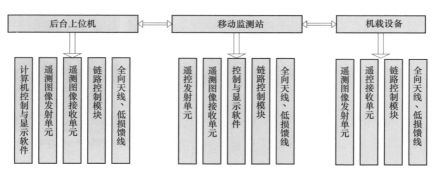

图 3-3　无人机巡检系统通信设备构成

在采用地面移动监测站的输电线路无人机巡检系统整体运行时,无人机飞行器在相关移动监测站周围输电线路上进行巡检,把图像等相关数据通过 GPRS 通信模块传输到移动监测站,移动监测站上的工作人员据此查找输电线路所存在的缺陷并进行应急处理,同时将图像等相关数据通过数传电台传输到供电公司或相关部门的后台上位机上,以便后台工作人员及时监测,当遇到现场不能处理的复杂情况,还可由后台专家及时给出处理方案。系统所保存的相关数据可为工作人员检修设备提供真实全面的现场资料和缺陷信息,也可为后续研究提供基础数据。后台上位机功能结构框图如图3-4所示。

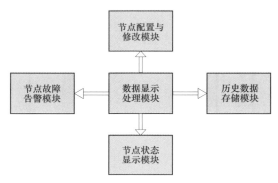

图3-4 后台上位机功能结构框图

3.2.2 无人机巡检实现功能与实施

3.2.2.1 无人机巡检实现功能

输电线路的无人机巡检实现的具体功能包括输电线路的无人机全方位巡检、输电线路异物清除、输电线路故障检测、无人机消缺、无人机智能验电等,具体阐述如下。

(1)输电线路的无人机全方位巡检功能:在检测输电线路过程中,无人机硬件包含地面站与无人机两个组件。无人机上几个部分的可视光相机难以加装可视光,相机不能发送路上的全方位摄制画面。检查员可使用专门的软件即时证实无人机摄制的影像,并且依据无人机摄制的影像辨别传输线路的运行状态。此外,对特定的线路检查要求,检查员可采用遥控器掌控无人机,躲避障碍物,迅速看到故障位置。监视人员可通过遥控器掌控无人机的焦距,使目标位置更清楚,且可通过无人机进一步行进，将检查图像储存到计算机中。

（2）输电线路异物清除功能：在输电线检查过程中，有时候输电线上常常出现异物。如异物没被立即去除，就可能造成传输线路故障或是触电。通过无人机去除传送路径中异物的常规方法是把激光器加装于无人机，软管模块通过光的聚焦作用把异物吹走。由于激光器是平行的，必须采用凸透镜对光展开聚焦，聚焦后的光必须准确导向于异物。在清除异物过程中，必须保证异物和无人机维持一定的距离，这样检查人员便可掌控无人机。

（3）输电线路故障检测功能：无人机有 3 种检测方式，即使用雷达检查故障、通过摄制视频检查故障及使用红外线检查故障。雷达探测可提升传输线路的定量测量精度，雷达距离测量装置可精确测定传输线路和四周障碍物间的距离，为传输线路的维持与安装获取数据参考。相机通过无人驾驶飞机或是地面天线传送照片或视频，计算机通过通信模块采用专门的软件录像观察。在红外线检测方面，该技术帮助检查员开展红外线成像分析，在线路金属探伤方面具备较高的应用价值。

（4）无人机消缺功能：输电线路检修是电力线路运检工作必不可少的环节。用无人机巡检，工作时间由 1h 缩减至 15min。应用无人机巡检时，应注意：① 清除电力输电线路上缠绕的塑料、遮阳网、编织带、广告布、风筝及风筝拉绳等异物时，携带喷火装置精准方便烧除异物；② 避免人工检修时作业人员费时费力地登塔工作，以及作业人员在输电导线上移动取异物的危险；③ 避免传统输电线路异物清除时线路停电的要求。

（5）无人机智能验电功能：无人机智能验电是由无人机携带自由伸缩、旋转的验电装置，在操控手的远程控制下，实现无人机验电，验电可靠性达 100%，同时，也避免了人工登杆塔作业，缩短 2/3 的验电时间。

3.2.2.2　无人机巡检实施

在当前的技术条件下，输电线路巡检无人机的相关功能主要由遥控直升机和四旋翼无人机来实现。

（1）遥控直升机装备图像采集和实时传输装置，装载普通直升机的气动布局。在巡检线路过程中，无人机不应在设备正上方悬停，将采集的信息图像迅速发送到监控中心，方便后台的工作人员及时根据输电线路可能存在的故障进行判断。人工遥控的应用遥控直升机工作时，需要工作人员操作来保证无人机在输电线路安全距离处停留，然后依托无人机内部的拍照机器进行图像拍摄，并且传送回后台监控人员处。

（2）四旋翼无人机有着较强的起降能力，并配备了无线微型高分辨率图像采集装置。通过地面站发出的指令，四旋翼无人机自主在距离输电线路安全距离范围内悬停，工作人员通过遥控控制旋翼的航向和减振云台，保证无人机在各个地方拍摄图像的清晰，实现输电线路设备巡检情况的实时采集和传输。

无人机巡视的方式包括：

（1）正常巡视：与传统人工巡视相比，无人机搭载的高清摄像头可在几分钟内对某段导线或某一基杆塔全方位巡视，并在关键位置拍摄照片，可以清晰查看输电导线、地线、杆塔、附属设施及通道情况。

（2）故障巡视：根据故障信息确定重点巡检区段和部位后，无人机可以较为精细地查找故障点及异常情况，也可辅助完成鸟害、树竹、山火、外破等特殊巡视。人工故障巡视时，地面巡视人员主要借助望远镜对输电线路下表面的情况进行观察，而设备上表面就需要登杆塔巡视。登杆塔巡视不但效率低，而且对巡视人员的人身安全有一定的威胁。相对而言，使用无人机故障巡视可以在故障范围内近距离从各个角度清楚地发现设备缺陷及异常区域，免除人工登杆塔巡视的一系列繁杂过程。从实践经验来看，故障巡视时采用无人机，至少可以缩短 30%的巡视时间，还能有效发现输电设备放电点（放电点处设备上会存在灰白色小点）。

（3）特殊巡视：突变气候下（气温骤变、暴风雨、大雪和覆冰等）、自然灾害（地震、泥石流等）及线路负荷有较大变化等特殊情况下，利用无人机对线路区段和部件巡视精准化。以红外测温为例，采用四旋翼无人机挂载专用红外测温仪，可以避免人工红外测温登塔、人手轻微抖动造成的测温取点偏差等。

另外，无人机还拥有自动导航和自动悬停技术，巡检时能够做到全方位的高空信息采集，多角度进行观察，高效率降低架空输电线路巡检工作的难度，最大程度上杜绝安全事故的发生，提升巡检效率和巡检质量。

3.3 无人机巡检案例

宜昌地区地形复杂，位处鄂西山区与江汉平原交汇过渡地带，山区占 67.4%、丘陵占 22.7%、平原仅占 9.9%，植被覆盖率高达 48.5%，线路运检难度大。随着社会高速发展，新建输电线路呈爆发式增长，运检人员劳动强度过大的问题日益严重。

图 3-5 为宜昌地区无人机发展历程。其中，2010 年湖北省检修公司承担"直升机载人操作"试验，成功完成带电作业，填补了国内空白；2013 年航模协会组建成立，为无人机运维专班做好技术和人才储备；2014 年航模协会开始配合 220kV 远双线应急抢修、极端天气重冰区线路运维等工作，并选派骨干参加国家电网公司无人机操作培训考试；2015 年，随着湖北省电力公司对无人机巡检工作的深入推进，国网湖北省电力宜昌市供电公司（简称宜昌公司）无人机巡检广泛应用于输电线路各类工作现场。

图 3-5 宜昌地区无人机发展历程

宜昌公司充分发挥无人机的优势，自行研制出无人机灭山火技术、输电线路无人机带电清除异物技术、无人机电力线路修枝技术、输电线路无人机覆冰监测技术和输电线路无人机自主巡视技术，并将其应用于输电线路属地化工作中，开拓了输电线路属地化运检新道路。

经过十数年的探索与实践，在输电线路属地化管理中，采用无人机进行线路巡检、消除外破隐患和清障均实现了广泛应用，本节主要从无人机灭山火、除异物、修枝、覆冰监测和自主巡视五个方面加以阐述。

3.3.1　无人机灭山火

在实际生产过程中，如遇输电线路属地化通道内发生山火情况，监测卫星会第一时间将火灾信息以短信或者微信的形式告知运维人员，运维人员赶赴现场，在火灾萌发阶段采用就近寻找水源人工取水灭火、利用便携式灭火器灭火、投掷灭火弹灭火这三种常规灭火方式控制火情，火势较大时联系消防部门联合灭火。这些传统灭火方法人员数量需求大、受地形限制大、作业人员安全风险大。

而无人机具有便携性、通过能力强等特点，研制无人机灭山火装置，并将其运用到灭山火工作中，可快速有效将火灾扼制在初期阶段，降低作业人员人身风险。目前，市场上主要使用的无人机有四旋翼无人机、八旋翼无人机、固定翼无人机三种类型，如图 3-6 所示。由于八旋翼无人机操作灵活方便，对环境适应性强，在稳定性、载重能力、操控精准性方面均有较大优势，因此在无人机灭山火装置中优先选择八旋翼无人机作为载体。

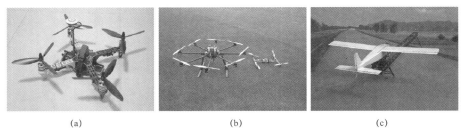

| (a) | (b) | (c) |

图 3-6　无人机类型
（a）四旋翼无人机；（b）八旋翼无人机；（c）固定翼无人机

无人机灭山火装置可以分为两种：

（1）灭火弹方式。通过在无人机的云台上焊接一个开合装置及配套电机，为尽可能多的携带灭火弹，挂载装置的质量需要控制在 0.5kg 以内，装置尺寸不宜超过无人机云台大小。通过遥控电机传动螺杆，实现对装置的开合，从而达到无人机能携带灭火弹定点投掷的目标。

（2）灭火液方式。无人机喷洒灭火液的方法是在无人机上搭载自行研制的喷洒装置和储液罐，灭火液则是由国网湖南防灾减灾中心提供，通常情况下 1L 灭火液可以扑灭一亩山火。无人机灭火开合装置、灭火弹分别如图 3-7、图 3-8 所示。

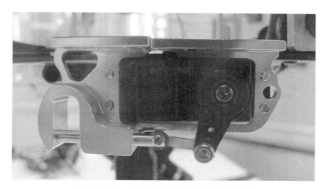

图 3-7 无人机灭山火开合装置

图 3-8 灭火弹

案例: 2016 年 10 月 12 日, 宜昌公司进行了山火险情实战演练, 在 220kV 某线路 4 号塔大号侧 50m 处模拟火灾现场; 8 时 30 分, 无人机灭火队 3 人和人工灭火队 15 人同时接到灭火任务奔赴现场; 9 时 5 分, 人工灭火队和无人机灭火队同时到达起火点山下; 人工灭火队员立即进山, 无人机灭火队迅速挂载灭火弹并将飞机升空; 9 时 7 分, 人工灭火队还在爬山过程中, 无人机便已飞至起火点上方, 进行灭火弹定点投放, 成功控制火势; 9 时 29 分, 人工灭火队员到达火灾现场, 此时火势已被完全控制。完工后, 对此次灭火过程进行统计分析可知: 人工灭火总耗时 59min, 无人机灭火总耗时 37min。可见, 运用无人机进行山火预防和救援工作,其效率是显而易见的。

宜昌公司还编制了《无人机灭山火作业指导书》，规范该装置的使用方法，并组织无人机操作人员学习《无人机灭山火作业指导书》，正确掌握操作程序，保证作业人员和无人机的安全。

无人机灭山火装置投入应用后，能迅速对主要火源进行远程扑灭，控制火势蔓延，有效地将输电线路通道内的山火扼杀在初期阶段，大大缩短了灭山火的时间，提高了灭火成功率；地面作业人员只需在灭火后期扑灭零星火点，提高了灭火作业的安全系数。

3.3.2　无人机带电清除异物

无人机带电清除异物装置是利用无人机为操作载体，结合直流电源加热技术和高能激光技术研发的。该装置具有灵活、高效、准确的特点，能及时抵达导地线的异物悬挂点并进行清除工作，整个过程无需对线路设备停电，也无须人员进行登高作业，能够安全、快速、便捷地将导线上悬挂的异物清除。将无人机带电清除异物装置运用到输电线路属地化的运检工作中，既能有效降低人员安全风险和劳动强度、提高异物清除的时效性和工作效率，又能提升电网运行可靠性、极大地节约检修成本。

根据除异物原理设计了两种无人机带电清除异物装置，分别是直流带电清除异物装置和激光带电清除异物装置，其做法可归结如下：

（1）直流带电清除异物装置。直流带电清除异物装置是利用低压直流作为输出电源，采用镍铬合金丝将电能转换成热能的一个装置。通过电源控制模块对直流电流进行控制输出，如图 3-9 所示，控制镍铬合金丝的工作温度，当镍铬合金丝升温到 450℃的工作温度时，足以熔断任何缠绕在导线上的异物，而导线的主要材质铝的熔点温度在 660℃左右，如图 3-10 所示，因此该装置不会对导线产生任何损伤。将此装置合理安放在无人机上，无人机正常飞行，使镍铬合金丝逐步接近线路隐患处，即可在不停电的情况下对任何悬挂在导线上的异物进行清理，如图 3-11～图 3-13 所示。

图 3-9　放电控制模块

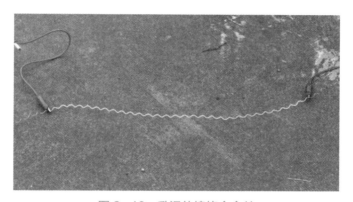

图 3-10　升温的镍铬合金丝

图 3-11　无人机准备升空

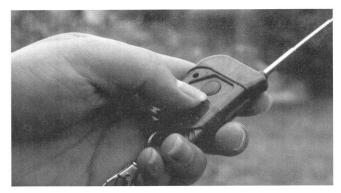

图 3-12　操作人员发出指令

图 3-13　无人机熔断线路异物

　　该装置使用低压直流电源进行供电，因此不会对电网运行造成危害。为了节约直流电源的能耗，在该装置上还接入了一个远程控制模块，当工作人员操作无人机接近需清除的异物时，远距离遥控开启该装置对合金丝进行加热，避免了无人机在飞行过程中的能耗浪费。

　　（2）激光带电清除异物装置。如图 3-14 所示，激光带电清除异物装置是在无人机上搭载高能激光发生器，利用其产生的高功率激光来熔断异物。考虑到无人机在飞行时会产生微弱的振动和偏移，为了保证激光器的稳定精确，我们利用全维度云台搭载激光器，并加装自行研发的激光器远程控制单片机模块和头部跟踪瞄准模块，在保证激光器稳定不动的情况可以迅速对异物进行瞄准并将其清除。

　　当无人机接近须清除的异物时，地面工作人员通过同轴视频传回的图像对异物进行瞄准，操作激光发生器对异物进行灼伤处理，高功率激光发生器在 1s 内即可在照射点上产生 300℃ 的高温，因此该装置可以将异物灼伤并熔断，并不会对导地线产生损伤。由于该装置采用激光对异物进行清除，因此不用直接接触导地线，在使用中更灵活、高效。

图 3-14　激光带电清除异物装置实物

经过多次模拟试验后，无人机带电清除异物装置已投入到实际工作中，2015年 6 月以来，宜昌公司利用自行研制的"无人机带电清除异物装置"先后在多条线路上成功清除导地线上异物，作业过程安全可靠，并已申请国家专利。这种全新的作业方式，减少了操作协调人员，缩短了作业时间，改善了线路安全运行状态，高效地消除了安全隐患，减少了带电作业的风险。

案例：2015 年 10 月，宜昌公司 220kV 某线路杆塔跨高铁段缠绕气球，气球尾绳长 7m，随时都有造成线路跳闸的可能。该线路为某高铁主供线路，正值国庆节期间，一旦线路跳闸，将严重影响铁路运行。宜昌公司输电运检室无人机班立即出动，使用改进后的无人机除异物装置，仅仅用了 5min 便带电将气球清除，成功的消除了一项严重缺陷，避免了高铁停电，得到了铁路部门的充分肯定。

3.3.3　无人机修枝技术

在目前输电线路防护区内仍然存在大量速生树木，该类树木生长快、高度也较高，对线路的安全运行造成隐患，清理隐患树木是输电线路运检人员的重要工作。以往的清障工作中，存在工具落后、效率低的问题，增加了作业危险系数和难度，存在许多隐患。

宜昌公司自主研发了一种用于电力线路修枝的无人机。采用该无人机能很容易的飞到指定高处，然后通过激光发生器和激光切割头的配合发出激光对目标树枝进行切割，能高效、便捷的完成输电线路附近树枝的清障工作，如图3-15所示。

图3-15　无人机电力线路修枝工作实施现场

3.3.4　无人机覆冰监测

输电线路覆冰问题对于线路安全运行危害巨大。现有技术中的监视方法主要有以下两种：

（1）是设立融冰监视哨，在融冰监视哨架设接近导线实际运行情况的模拟导线，并安排值班人员。值班人员按照哨所汇报制度和气象冰情观测制度，人工定时测量和汇报模拟导线覆冰厚度、相关气象等信息，模拟导线覆冰平均厚度认定为导线覆冰厚度。但模拟导线覆冰厚度是由人工用游标卡尺进行测量，这种测量方式存在一些不足之处，每次测量需要将架设在空中的模拟导线放下来，测量完毕需要重新安装，在严寒的冰冻季节和崇山峻岭中，人工测量劳动强度大，作业环境恶劣，尤其夜间工作，难以保证按时准确测量，而且不同规格的导线和地线在相同运行环境下覆冰厚度不一致，用一种规格的模拟导线不能准确反映不同规格导线的覆冰情况，线路融冰后，模拟导线需要人工除冰，增加了人工工作量。

（2）采用电视图像监视，但是这种方法成本较高，且电视摄像头在冰冻环境下图像清晰度不高，不能准确判断覆冰状况，因此其应用难以普及推广。

宜昌公司自主研发了一种用于输电线路覆冰情况监测的无人机，机体上方设有螺旋翼，螺旋翼又分为上旋翼和下旋翼，机体尾部设有尾翼；机体上方的螺旋翼通过安装在机体上的驱动装置进行驱动，在机体底部设有接收混控器单元；在机体外壁设有温度传感器、湿度传感器及风速传感器，温度传感器、湿度传感器及风速传感器分别与无线串口数据传输终端连接。

采用该无人机在巡线时，能通过温度传感器、湿度传感器及风速传感器监测周围环境数据，通过无线串口数据传输终端将数据传回地面控制中心，由工作人员从接收的数据中分析覆冰的发展情况，如果工作人员分析得出该地区输电线路将会出现严重的覆冰情况，可以提前安排部署应对措施，如图3-16所示。

图3-16　无人机覆冰监测现场实施图

3.3.5　无人机自主巡视

无人机巡视是指在无人机飞行平台上装备GPS、IMU、多角度光学组合相机等多种传感器，对输电线路进行检查和录像，具有高科技、高效率、不受地域影响等优点。在可以预见的未来，以无人机巡航电力走廊的方式将最终取代人工巡检，而无人机的自主智能化巡检也会逐步取代人为控制无人机巡检，真正将宝贵的人力、物力资源从繁重的电力走廊巡检工作中解放出来。

无人机自主巡视关键技术主要体现在以下几个方面：一是实现无人机精细化巡检，保证杆塔固件位置和无人机飞行过程中自身实时位置的精准，只有保证这两个位置的高精度情况下，才能实现精细化巡线；二是制订自主巡线方案并自动生成无人机航迹，对规划无人机飞行最优航迹的算法进行优化调整，以最高的效率不重复的巡视完所有的规划；三是在无人机中集成 4G 网络模块，解决信息传输距离问题。

将无人机自主巡视技术运用到输电线路属地化工作中，使无人机做到自主化巡航，摆脱对操作人员的依赖，不但可以大大提高安全性（至今在各地已有多起坠毁或撞山的严重事故发生），而且更加提高了作业效率，极大地节省了人力成本。目前，无人机巡视已实现的功能包括全方位信息采集、优化线路巡视过程、雷击故障点查找、特殊位置巡检等。

输电线路通道 3D 建模

随着架空输电线路实景三维测量应用的逐渐深入，电网对输电通道和线路三维精准测量及建模的需求越来越大，3D 建模技术是通过将计算机视觉、图形图像处理和数据库技术等多门学科融为一体，建立物体的三维空间模型，以求更为清晰地描述对象特征的方法。该技术能够优化输电线路属地化管理效率，对电力系统实现智能化、数字化、信息化监管具有重要意义。本章阐述了 3D 建模的技术方法及其在输电线路属地化管理中的应用。

4.1　简　　介

输电线路通道 3D 建模（简称通道 3D 建模）的对象是架空输电线路。架空输电线路主要由导线、避雷线、杆塔（包括杆塔基础）、相应附件及附属设施等组成，是使用电力杆塔在空中架设导线作为电能传输通道，其特点主要可归结为设备多、分布广、路径地貌复杂、多处于交通不便地区。长久以来，架空输电线路巡检工作主要采用人工模式，对于众多交通不便的区域，需投入大量的人力和时间进行线路的周期巡视。运维人员在地形恶劣区域开展野外巡检作业时，存在较大的人身安全隐患。同时，人工巡检的质量比较依赖于运维人员的专业素质、能力和责任心。随着输电线路规模的快速增长，线路运维人员承担的巡检任务越

49 ••••

来越重,结构性缺员的问题日益凸显,这种状况下容易出现巡检质量下降等问题,最终导致架空输电线路的安全运行难以保证,因此急需找到提升线路巡检效率的新方法。

通道 3D 建模作为一种较新的技术,目前已成熟应用于城市景观的数字化呈现领域,能非常直观的展现出地表各种建筑物和构筑物的尺度、特征,是构造出虚拟现实的基础。将 3D 建模应用于架空输电线路走廊上,将线路走廊用数字化、图像化、三维化的技术手段重现,使得架空输电线路设备及其走廊环境变得直观、客观真实和可量测,能有效且精确地反映出线路设备本体和走廊周边地表物的可见特征、空间位置和尺寸。因此,架空输电线路三维实景使得架空输电线路得以摆脱从前以图片影像、测量数据和文字台账为主要记录方式的传统运维模式。通过定期地更新重建三维实景,可替代精细化巡视,减轻运维人员工作强度。同时相比起地面的精细化巡视,通过航拍建模的方式展示的是空中视角的输电线路和走廊,能很大程度克服地面观察、检查和测量的局限性,效率和精确度都有巨大的提升。因此研究架空输电线路三维实景自动化建模技术是未来智能高效巡检的重要研究方向之一,具有很高的研究和应用价值。

通道 3D 建模由数据采集、数据处理及建模三个环节组成。国外数据采集多采用倾斜摄影法,后期数据处理和建模软件的发展也已历时数十年,但其更新换代速度受到倾斜航空摄影采集装备进步的影响较大。搭载无人机平台,3D 建模可与 GPS 导航技术、摄影测量、遥感、无线通信、控制等技术结合,可获取航拍影像、位置和姿态等信息,可应用于电力线路走廊影像采集、地形测绘,以及线路和杆塔的几何尺度量测;又或者是基于摄影测量的方法进行电力线量测、利用单一相机基于铅垂线约束和铅垂线轨迹法量测电力线到地面物体的空间距离。

4.2　通道3D建模方法

通道3D建模的基本方法为特征点提取法,它通过无人机安装的相机采集数据,采用 SIFT（Scale-invariant Feature Transform）特征匹配方案来提取与匹配各个影像的连接点。根据获取的原始信息情况不同，连接点匹配模式可以分为穷举组合、分级匹配、连续匹配、GPS 信息引导和考虑影像倾角的 GPS 引导五种模式。3D 模型的构建采用了空中区域网络三角测量的方法，其原理是利用无人机拍摄具有一定重叠的航摄相片，再以少量野外控制点或地面控制点信息为依据，根据相片上的像点坐标（或单元立体模型上点的坐标）同地面点坐标的解析关系或每两条同名光线共面的解析关系，建立相应的航线模型或区域网模型，从而获取加密点的平面坐标和高程，并将若干条航带连接成一个区域进行整体平差。区域网络按整体平差时所取用的平差单元不同可分为三类，即航带法区域网平差，独立模型法区域网平差和光束法区域网平差。

在通道 3D 建模过程中，模拟真实的输电设备（如杆塔、绝缘子、输电线）是虚拟现实的基本要求，这使得模型本身会变得比较复杂，甚至要进行组合构造。以杆塔为例，不但每个杆塔的高度、塔头有差别，而且其包含的绝缘子也会根据杆塔的类型、方位、旋转角度甚至与其他杆塔的关联性而有不同的表现方式，因此，选用合理的设计模式和组织方法来处理电力设备对象也是实现通道 3D 建模的一个重点。如何将数字地表模型、输电设备模型和各类相关地理、设备信息数据有机地结合在一起，以提供良好的交互式查询和维护功能，是对通道 3D 建模系统提出的整体性要求。针对电线路属地化管理中建模对象——地表与杆塔，因此，主要对属地化通道地表及输电线路杆塔的建模方法进行简要的介绍。

4.2.1　地表建模

输电线路所在地域范围较广且地形一般比较复杂，相应地表模型的建立需要有效的表面建模技术作为技术支撑。针对类似输电线路的复杂特征目标的三维结构，可以采用基于不规则三角形网（TIN）和方格网的混合表面描述方法进行模型分析。其中 TIN 结构的特点是可以灵活、逼真、快速地建立具有任意边界形状的目标模型，这对于空间查询和分析结果的三维表现极为重要。输电线路属地化通道地表建模方法见图 4-1。

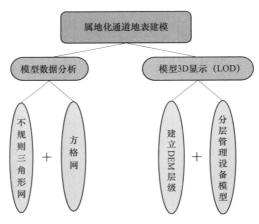

图4-1 输电线路属地化通道地表建模方法

模型分析完成以后，需要通过 3D 方式显示出来，一般采用碎部等级（LOD）法，该方法是一种解决大数据量三维地形显示和管理的优化方法，它将复杂目标以不同的质量等级进行预处理和存储，绘制算法根据屏幕上目标的大小来决定选用哪个图形来显示。例如针对远离视点的目标，可用极快的速度以低级的 LOD 方式显示出来。

LOD 法对系统的数据显示优化体现在两个方面：一是为地形建立具有不同细致等级的 DEM 层次体系，用层→块→行列的层次结构组成 DEM 数据的空间索引，它允许对数据的快速存取而不管其数据量的大小，且具有无缝性，从而保证在同一时刻构成地表模型的 TIN 数目为一个恒定值，最大限度提高用户的交互效率；二是对场景中代表输电设备的三维模型进行分层管理：首先，利用输电线路的松耦合性，在查询或维护某条输电线路时，可对属于其他线路的设备模型进行消隐操作（跨越模型除外）；其次，可根据设备地理位置离屏幕视点的距离远近采用不同复杂度的模型原型来表示设备实例，即让各个设备实例保留几个不同细致程度的模型原型的索引，当该设备实例距离屏幕较远时，用简单的模型显示；当距离屏幕较近时，用比较复杂的模型进行显示，这样能够减少许多三维场景中渲染、变换和效应的工作，提高界面的刷新速度。

4.2.2 杆塔建模

输电线路杆塔建模在属地化管理中从模型搭建的角度看，只是一组带有方位坐标的点或线元素，但从设备层次的角度看，输电杆塔中的设备种类繁多，而且很多设备本身是由其他种类的设备组合而成（如带有不等数量的绝缘子的杆塔），每个设备实例和其他实例具有很强的耦合性（如杆塔移动会带动其所属绝缘子的移动，而绝缘子的移动会改变线路走向，从而影响相邻杆塔绝缘子的方位），使得设备层次结构复杂，如果没有良好的设计和层次结构，相应的设备管理程序会变得复杂且难以维护，这个问题是输电线路杆塔建模的难点。

针对输电杆塔建模的技术特点，通常选用对象结构型模式——COMPOSITE（组合）建模方法，如图 4-2 所示，其核心理念是用树形结构来表示输电设备的层次关系和相互关联。该方法能够使得单个设备和组合设备的使用接口具有一致性，不仅能够保证整个设备对象的层次清晰，而且可以在不用改动已有的用户接口程序下

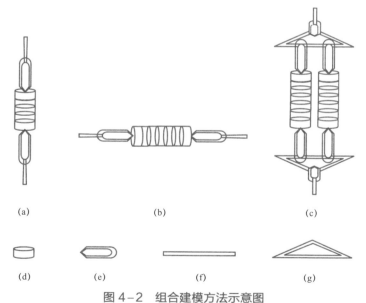

(a)　　　　　　　　　　(b)　　　　　　　　　　(c)

(d)　　　　(e)　　　　(f)　　　　(g)

图 4-2　组合建模方法示意图

（a）悬垂串（单串）；（b）耐张串（单串）；（c）悬垂串（双串）；
（d）绝缘子；（e）挂环金具；（f）架空线；（g）挂板金具

更加方便地加入新的电力设备层。此外，还可以用工厂方法（Factory Method）的模式设计方法来定义各种不同杆塔模型的模板，以方便地加入各类单回路或双回路的塔型，常用的建模技术如下。

4.2.2.1　CAD 建模

图 4−3 所示为 CAD 建模思路，它通常利用现有输电线路设计、施工、竣工阶段二维、符号化的成品图快速转换为架空输电线路三维模型，是目前较为常见的技术手段。其特征是在二维 CAD 等平台中设计完成后，利用三维建模软件或者参数驱动程序构建三维电力设备及其场景。由于输电线路存在大量可复制使用的单元，如金具、金具串、塔型、基础、电力线等，因此，一般采用"先搭建静态元件库，再构建动态输电线路"的基本思路。

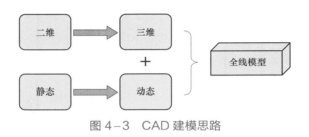

图 4−3　CAD 建模思路

CAD 建模一般步骤：根据线路坐标和相应参数，利用铁塔拼接成果和金具串拼接成果，自动搭建输电线路全线模型。

4.2.2.2　组件式建模

由于输电线路杆塔的设计和建造都必须严格参考特定的杆塔类型标准，而且大多数杆塔的塔脚和同类杆塔的塔头都具有极高的相似性，因此在进行电力线路走廊的数字化建模时，可以通过标准化模型进行合理分解和灵活组装，实现输电线路杆塔三维模型的组件式建模。图 4−4 所示为组件式建模思路。

组件模型库的构建是杆塔组件式建模的关键，综合考虑不同杆塔三维模型的差异性和相似性，将输电线路杆塔模型分解为塔头和塔脚分别进行组件模型创建和模型库组织管理：一方面，通过 CAD 软件对不同组件进行高精度三维建模；另一方面，对不同组件间的空间关系进行记录和维护，以满足杆塔组件模型的自动化组装、分解的需求。

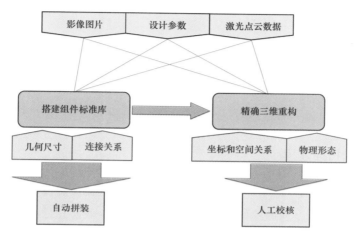

图 4-4　组件式建模思路

　　塔头是杆塔三维模型中差异最大的部分，其几何形态、塔臂数目和塔臂排列方式均与杆塔的设计型号直接相关，在组件模型库构建过程中，首先需要依据线路杆塔的设计与建造标准，对全网或特定线路涉及的杆塔塔头进行几何建模。除一些特殊的塔型外，各类杆塔塔脚的整体形态基本不发生变化，只是结构杆件间的排列方式和塔脚高度具有一定差异。为满足组件式建模的应用需求，在不考虑杆件间连接细节的情况下，主要以高度参数（如塔脚高度为 5、10、15m）为依据，预先对不同尺寸的塔脚进行几何建模，从而构建出完备的组件模型库。在几何建模的基础上，为保证塔头和塔脚组件的无缝拼接，还必须对模型库中不同类型组件间的连接关系进行详细定义。为了更进一步提高 3D 建模的精度和灵活度，使组件式建模能够满足更为复杂的异形塔的高效建模，也可尝试将杆塔分解为塔身、塔臂、绝缘子、金具等更小的结构部件。

　　杆塔的三维组件式建模方法本身对数据源没有严格要求，既可以采用高精度的激光点云数据，也可根据需要灵活选择影像图片，甚至是杆塔设计参数作为模型创建的直接依据。但无论是采用何种数据源，其操作过程都包括 2 个主要步骤，即"杆塔类型选择"和"杆塔高度设置"。其中，杆塔类型选择是组件式建模过程的关键，其操作主要通过人机交互来完成：一方面，需要对数据进行可视化和语义认知，以满足杆塔类型的人工识别需求；另一方面，根据识别结果，计算机将在组件库中自动搜索和匹配该类型杆塔所对应的塔头组件，根据塔头、塔脚间的连接关系，自动拼装完成杆塔三维模型的构建。

对电力线路走廊上的高压输电杆塔进行高精度三维重建，除了几何模型构建外，还需要进一步对所获得模型的空间参数进行调整：一方面，对三维模型的坐标和空间方向进行调整，使其能够准确反映杆塔的空间位置；另一方面，还要对模型的几何尺寸进行调整，使其能够精确描述杆塔的物理形态。

4.2.2.3　激光扫描建模

三维激光扫描技术又称"实景复制技术"，对任何复杂的现场环境及空间进行扫描操作，采用高精度逆向三维建模及重构技术，以获取研究目标的三维坐标数据和数码照片的方式快速获取各种大型的、复杂的、不规则、标准或非标准等大型实体或实景等目标的三维立体信息，直接将这些三维数据完整地采集到电脑中，进而快速重构出目标的三维模型及线、面、体、空间等各种数据，再现客观事物真实的形态特性，如图 4-5 所示。三维激光扫描技术为快速获取空间数据提供了有效手段，是继 GPS 技术以后的又一项测绘技术新突破，具有不接触被量测目标、扫描速度快、点位和精度分布均匀、获得数据真实全面等特点，为输电线路空间三维信息的获取提供了一种全新的技术手段。

利用地面三维激光扫描仪对物体进行数字化，得到物体表面大量点的三维坐标集合，称为点云数据。这些三维激光点云数据还可进行各种后期处理工作（如测绘、计量、分析、仿真、模拟、展示、监测、虚拟现实等），即所谓的逆向工程应用。所有采集的三维点云数据及三维建模数据都可以通过标准接口格式转换给各种正向工程软件直接使用。

在输电线路属地化管理工作中，运维人员关心的是地表及杆塔设备等实例的外形及相互之间的关系，因而 3D 建模技术在属地化管理中的应用并不需要全局的高清或者高精度显示，只需要精确的几何尺寸及相关距离等数据为通道运维提供方便。因此，输电线路属地化管理对于 3D 建模的技术要求比较容易实现。

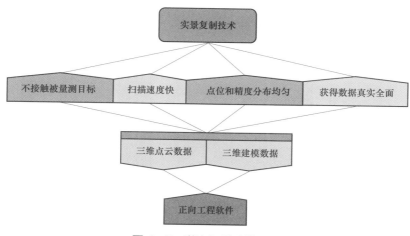

图 4-5 激光扫描建模思路

4.3 典型案例功能分析

4.3.1 与卫星地图和地理信息系统融合显示

将整个架空输电线路三维实景数据赋予了空间参考系统的信息，并同时完成了分层的图像渲染后，即可通过导入现有的三维地理信息系统和卫星地图数据进行融合显示。在非架空输电线路走廊范围的部分以稍低精度的原有卫星地图和三维 GIS 模式呈现，而在重点关注的线路走廊内的部分以高精度高分辨率的三维实景模式呈现，有效减轻数据采集、处理和存储压力，提高运行效率，如图 4-6 所示。

4.3.2 对象点距离的高精度量测

实景渲染完成后每一个对象点均有其水平和垂直的位置数值，因此可以实现两两对象点之间的距离（水平/垂直）测量。而针对架空输电线路，运维单位主要关

图 4-6　三维架空输电线路走廊实景与三维地理信息系统的场景融合显示

心的是线路走廊内或附近的以下各种距离：① 导线弧垂最低点对地面、路面的垂直距离；② 导线对周边及线行下方高杆植物、建筑物和构筑物的距离；③ 导线对跨越铁路、输电线路、配电线路的距离；④ 地线（避雷线）对穿越输电线路导线的最小距离；⑤ 杆塔基础和导线地面投影对线路走廊附近加油（气）站或地表架设的输油（气）管道最小距离。

　　以上各种距离均可以在实景中通过选择点击对象的方式进行拉线测量，十分直观和方便，如图 4-7 所示。

图 4-7　导线弧垂对地（树木等）距离（垂直、水平）的高精度量测

4.3.3 输电线路设备本体及周边地表物的安全距离警示

输电线路的安全距离主要分为两个内容：一是设备本体即杆塔、导线自身和两两之间的距离；二是设备对各类地表物的安全距离。此两类包括但不限于以下的安全距离：

（1）设备本体之间。

1）导线对杆塔部件的最小距离是否满足规程规范要求，并对不满足的点进行信息和位置的标示并在实景图上展示。

2）各相导线之间和各回路导线之间的最小距离是否满足规程规范要求，并对不满足的点进行信息和位置的标示并在实景平台上展示。

3）由于杆塔的建模是来自于实景拍摄的图像，因此能定量的反映杆塔的各部件实测长度，通过杆塔塔高、杆塔特定两个部件地面投影位置差的精确定量测量，能转化为该基杆塔的倾斜角度和挠度。

（2）设备对各类地表物。

1）导线对高秆植物的距离。按照相关线路运维要求设置等级不同的阈值，对超过阈值的进行提醒或告警展示，同时以断面图的形式对超过阈值的位置进行表示，直观地指导运维单位开展针对性的高秆植物清理工作，并拟定相应的施工方案。

2）导线对地表建筑物和构筑物的水平和垂直距离。按照线路的电压等级设置不同阈值，对于超过阈值的地表物通过消息提示具体的塔段和最小距离。运维单位可根据信息在实景平台上找到对应的地表物，通过多角度的测量及截图，作为向城市管理部门的报案附件资料，具备现场直接拍照的平面影像不可比拟的直观性和精确性。

4.3.4 基于网格计算法的土方量测算

根据当前三维实景平台的数据特质，可以采取方格网计算法测算土方量（见图 4-8）。对输电线路而言在山林地区的杆塔基础遭遇地质灾害（水土流失、土方滑塌）后快速测算出灾害的量级和规模，为制订抢修工作方案提供有力的支撑依据。

图 4-8　网格法测算土方量

方格网计算法由计算范围、原地面标高数据文件、面标高三角网三个要素组成，大致计算方法如下：

（1）计算范围可在实景平台中使用闭合曲线进行直观绘制。

（2）利用实景平台高程数据生成计算范围内的原地面标高数据集。

（3）根据设定的计算范围内的标高最终生成面标高三角网数据。

（4）逐格计算每个方格内的挖方量或填方量。

（5）加总计算范围内的全部方格挖（填）土方量。

4.3.5　属地化应用领域

（1）线路巡视。依托通道 3D 建模技术形成的三维全景可视化的属地线路走廊，除了能显示属地线路走廊周围的地形地貌外，还能显示线路走廊附近的道路等地理信息。利用这一特点，线路运维单位和属地运维单位巡视人员之间可以形成巡视资源共享，通过记录下来的道路上各个关键点的经纬度，将三维全景在可视化系统中进行再现，能够有效帮助巡视人员查看巡线道路，尤其对新投运的输电线路。同时，运维单位与属地单位巡视人员进行线路交接时，也能快速找到合适的巡线路径。属地单位巡视人员还能依据巡线路径分布图制订工作计划，即把路途相近的杆塔安排一组人员巡视，提高人员利用率，确保完成巡视任务。

（2）输电线路规划辅助设计应用。3D 建模技术运用了海量高精度的 DEM 数据、高分辨率的影像数据及三维电力设备模型，对整个输电线路走廊在计算机上进行全景仿真模拟，从而实现对该线路走廊周围环境的真实再现。借此技术，设计部门可以在虚拟的三维可视化全景中实现对输电线路的规划和各种空间分析，使输电线路的走向更加合理化，从而达到优化线路、降低成本的目的。三维可视化技术同时还可以大量减少野外勘察工作，提高了线路运维的工作效率。

（3）线路及杆塔可视化应用。在输电线路网中线路及杆塔数量众多，且线路的走向与杆塔的分布、地形地貌有着密切的关系。针对这一特点，三维可视化技术应用高程数据、影像数据、矢量数据制作三维地图，在还原真实地形场景的基础上，提供批量导入杆塔及排位方法，使得杆塔导入后，依据地形的高程数据自动调整杆塔高度，自动形成线路走廊，并且自动计算出杆塔的位置、弧垂。

（4）输电线路设备管理应用。三维全景可视化技术对输电线路走廊所涉及的电网设施设备进行高精度建模仿真，并且实现三维数据的快速浏览。同时还可以融合丰富的电力设备属性信息，包括基础地理信息、设备信息、运行状态信息、自然环境信息及视频、照片等多媒体信息，减少了输电网设施设备的户外工作量，从而提高管理效率，实现输电线路工程的智能化管理。

（5）输电线路属地化安全管理应用。利用三维全景可视化技术可以快速而且直观地了解输电线路的走向情况。输电线路的线路通道距离长、地理环境复杂，通过全景可视化技术展示的平台可以打破线路巡检人员的视角局限，可以完成多条输电线路的实时监控及故障查看等工作。地表模型用数字地图生成，并将河流、湖泊、公路、居民区等地表特征物以面的形式覆盖在数字地表模型上。因此，三维可视化技术可以清楚地反映外界的三维真实情况，从而使得输电线路属地运维工作人员更加准确地了解整条输电线路的情况，进而实现对输电线路的三维可视化管理。

（6）输电线路的安全运维应用。在整条线路走廊内，由于温度、湿度等外界因素的影响，当然也不排除一些外力对杆塔进行破坏造成位置偏移等问题。很显然，以上因素对输电线路留下了极大的安全隐患。因此在整个输电线路运维的过程中，需要利用三维全景可视化技术，对这些因素进行分析，首先计算输电线路所处地形地貌对整条线路的影响，从而使在线路运维的人员发现这些隐含的安全问题。因此，采用三维全景可视化技术对线路的地形地貌变化进行检测，对提高输电线路运维的安全水平具有现实意义。

（7）空间信息与业务数据高度融合。以往的业务数据主要体现在表格或者文字叙述上，在数据的空间性与客观性方面相对欠缺。三维全景可视化技术通过建立输电线路的空间信息和业务数据的关联关系，实现两者的高度融合，获得"即点即见"的效果。在宏观场景下，可以查看电力设备的空间位置，并且可以查看其相应的业务数据。在微观场景下，通过点击相应设备的高精度模型，便可以查看所对应的业务数据信息。真正实现"可视化"和"直观管理"的协同工作。

5

智能巡检系统及应急抢修应用

现阶段输电线路巡检基本实现移动作业方式,但线路设备信息的查看与录入工作仍无法在现场同时进行,特别是在输电线路应急抢修工作中,遇到问题无法及时查看设备的型号、各类参数等详细信息,更无法将现场实时的画面传送到后台,时效性差,极大地依赖于人员技术水平,低效率的作业与高效可靠的现场作业管理要求矛盾日益突出,如何实现更高效、安全、便捷及智能的输电线路巡检管理变得尤为迫切。本章介绍了宜昌供电公司在输电线路属地化智能巡检技术与应急抢修管理的应用及推广。

5.1 智能巡检系统简介

在输电线路通道属地化巡检工作中融入了 PDA 技术、无人机巡检技术、图像视频在线监测技术等,改进输电线路通道属地化巡检模式,可以实现线路巡检的信息化与智能化,较大程度上减少了工作量,提高巡检效率,满足电网快速发展的要求。其中,PDA 技术即终端移动设备技术,是以手机为载体,集成了 Google 地图、Google 卫星图等多种地图格式,线路巡视人员带着 PDA 外出巡线,能进行实时导航、共享位置、绘制线路特殊区域、上传线路缺陷和现场图片等操作;无人机巡检技术主要包含日常巡视、红外拍摄、带电消缺、扑灭山火、信息采集和空中检修等功能,并且以无人机为载体的工作方式及方法正在不断地拓展创新;图像视频在线监测技术是在线路周围建筑施工（危险点）、覆冰区段、"三跨"区段等安装视频在线监测装置，将采集到的远程视频图像及外力探测告警，通过 3G/GPRS/CDMA 网络实时的传送到中心监控分析系统，当出现异常情况时，系统会以多种方式发出预报警信息，提示管理人员应对报警点予以重视或采取必要的预防措施。

宜昌公司智慧工作室研究的输电线路智能巡检系统是以地理信息系统 GIS 为平台，融合了 GPS、RFID、PDA、4G 无线通信等技术，以卫星矢量地图为基础，将输电线路杆塔数据录入到系统中，形成三维的输电线路地理图。该系统具有路径导航、定位和位置共享、数据信息远程传输、设备信息查询、设备智能巡检、特殊区域划分和显示、坐标点分类管理和外力破坏报警及实时监控八大功能。将输电线路智能巡检系统运用于属地化通道管理工作中，工作人员可以通过系统的 PC 界面查看线路的巡视信息、缺陷情况等内容；巡视人员可携带智能巡检系统移动终端外出巡视，利用移动终端进行定位导航、数据远程共享等操作。

5.1.1 整体界面

输电线路智能巡检 GIS 系统 PC 侧界面如图 5−1 所示，主要包括信息录入、巡视管理、路径导航和三维展示四大功能。信息录入功能可以将杆塔坐标、线路设备的各种参数及缺陷等数据录入系统中，也可以查询历史信息；巡视管理功能可以编制巡视周期、发布巡视任务、考核巡视到位率等；路径导航功能除了导航功能外，还可以记录并保存巡视员的行走轨迹，绘制输电线路外破区、污秽区等特殊区域；三维展示功能查看输电线路的三维立体图，且能查看线路上某一点的对地高差。

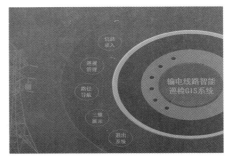

图 5−1　输电线路智能巡检 GIS 系统 PC 侧界面

5.1.2　设备信息录入与查询

输电线路智能巡检 GIS 系统可以将所有的杆塔坐标和输电线路设备的各种参数数据录入电子地图上，借助 PC 侧界面系统和 PDA 移动终端，通过搜索杆塔名称来直观查找每基杆塔所在的地理位置和设备参数。在定位杆塔坐标和查找参数数据时，可以在系统上进行离线操作，因此不存在敏感数据外泄的问题。杆塔在系统地图上的分布和杆塔参数录入如图 5-2 所示。

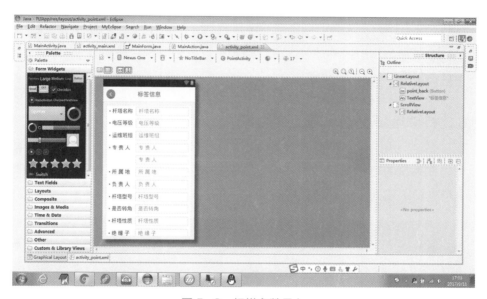

图 5-2　杆塔参数录入

5.1.3　坐标点分类管理

系统对坐标数据采取分级权限管理，公共数据库存储杆塔坐标和通过审核的特殊坐标（外破坐标、树障坐标、缺陷坐标），个人数据库存储临时坐标，只有通过授权用户才可以修改公共数据库里的信息。

5.1.4　路径导航

系统可以对输电杆塔进行导航，将线路巡视人员行走轨迹记录下来，生成每基杆塔的巡视便道路径，方便不熟悉设备位置人员快速抵达塔位。

5.1.5　考核巡视到位率

系统可以对巡检人员的巡视到位率进行考核，可查询巡检人员巡视过的杆塔和到达时间，对巡视工作实现痕迹化和数据化管理。系统还可针对杆塔所处的地理环境的不同，对每基杆塔的巡视周期进行编制，可实现对输电线路设备的状态巡视，提高巡视人员的作业效率。

5.1.6　特殊区域划分和显示

可以在系统的电子地图上绘制输电线路外破区、污秽区、雷害区等各种特殊区域，方便巡检人员对不同区域采取有针对性的巡视，如图5-3所示。

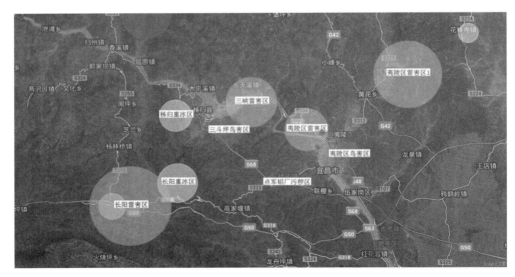

图5-3　输电线路特殊区域划分和显示

5.1.7 定位和位置共享

通过移动终端的 GPS 模块，巡视人员可以通过系统地图实时掌握自己所处的位置，以及和目标杆塔的距离、方位等信息，方便巡视人员开展巡视工作。同时，还可以通过无线网络，将自己的位置坐标共享给其他人员，方便巡视过程中的应急事件处理，如图 5-4 所示。

图 5-4　PDA 地图定位

5.1.8 输电线路巡视路径导航

巡视人员可以通过导航功能查询被巡视杆塔的公路路径，同时当对设备巡视路径不熟悉的管理人员或检修人员需要到达某一杆塔时，可以通过巡视人员以前的巡视轨迹或标注好的巡视小路路径进行导航抵达需要前往的杆塔。

5.1.9 外力破坏报警及实时监控

在图5-5中，外力破坏报警通过视频监控系统实现全天候的监测与分析处理，实时预警线路走廊附近施工状况，对大型施工机械违章超高作业行为实时抓拍照片，即时自动播报语音提示信息，以短信的方式将告警信息发送至线路维护单位相关负责人和领导手机上，同时也可在监控中心借助实时语音喊话喇叭，及时制止危险作业，大幅降低因外力破坏引起的停电事故，减少由此带来的经济损失，同时更加合理有效的配置人员，保障线路的安全运行。

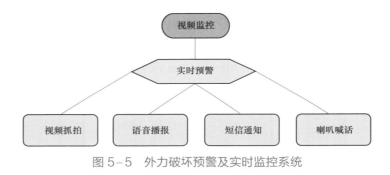

图 5-5 外力破坏预警及实时监控系统

5.2 智能视觉铁塔在线监测

5.2.1 智能视觉在线监测平台

智能视觉铁塔在线监测平台主要由前端采集分析设备、云端服务器及终端设备三部分组成，核心为前端采集分析设备，可根据不同的前端应用场景选择不同的功能性设备。图5-6所示为巡检系统硬件结构，图5-7所示为巡检系统网络架构。

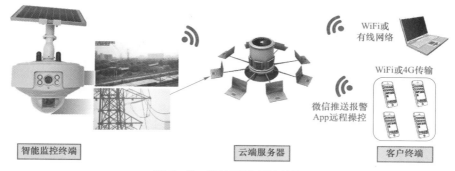

图 5-6 巡检系统硬件结构

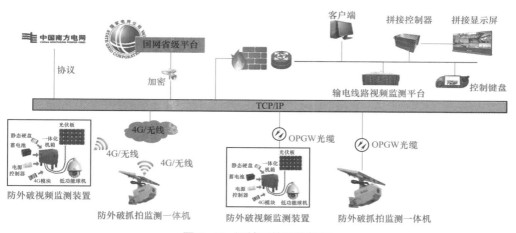

图 5-7 巡检系统网络架构

智能巡检系统可根据不同的前端应用场景选择定制不同的功能,在电力线路密集、环境复杂的"三跨"地段可选择加载了云台的高端设备,日常巡检则可使用普通双摄像头设备,而在覆冰区、外破多发区等特殊场景可选配长续航、多传感器集成的终端设备。

在图 5-8 和图 5-9 中,系统选用的常见设备具有图像、短视频、实时视频采集功能,使用双摄像头采集,水平方向采用 1600W 像素摄像头,垂直方向采用 200W 像素星光云台摄像头,水平 355°垂直 0°~90°;支持 25X 变倍功能,预置点位大于 300 个,支持智能巡线。

图 5-8　前端监控一体机与监控主站服务器

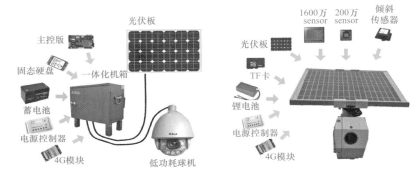

图 5-9　低功耗球机和通用版枪机部件

　　水平固定摄像机监测输电线路通道周边环境,垂直方向云台摄像机可灵活观测输电线路导线、金具、杆塔本体、塔基、周边临近杆塔,主要监控内容包括通道变化情况,线路保护区内的违章房屋、树木,杆塔,金具零件是否腐蚀和变形,杆塔附近出现偷盗、蓄意破坏电力设施人员等。垂直方向云台还支持"鹰眼"随动,当水平前置摄像头进行一定的智能识别时,底部垂直方向鹰眼将会自动变倍聚焦故障。

　　输电杆塔由于受到输电导线拉力和地质运动等影响,使用过程中会逐渐呈现出倾斜的状态,需要及时进行维护扶正,不然随着倾斜角度的不断增大有可能导致断线和杆塔倒塌事故的发生。电力线路智能巡检系统前端设备内置双轴杆塔倾斜传感器,支持杆塔倾斜检测,装置安装于输电杆塔上,由倾角传感器实时监测输电杆塔的横向倾斜和纵向倾斜等数据,如图 5-10 所示。通过无线传输网络将相关数据传输至监控管理中心,当输电杆塔的倾角超过预设值的时候,会自动触发告警,线路维护人员可及时对输电杆塔进行处理,避免事故发生。

系统支持标准 RS485 和 433MHz 设备接入，用于扩充现场设备（如激光测距设备、导线测温、微气象站等），如图 5-11 所示，可以将采集到的数据传输到后台，实时分析用于决策。

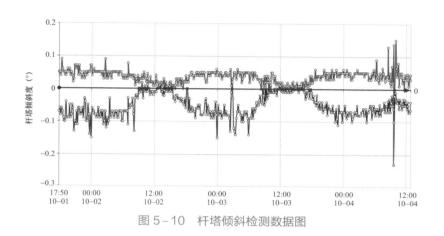

图 5-10　杆塔倾斜检测数据图

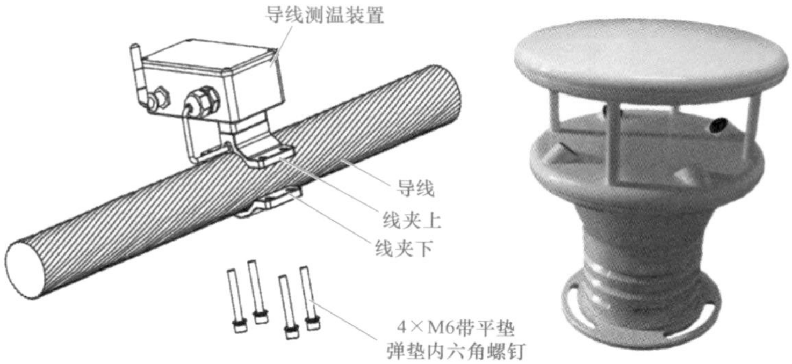

图 5-11　导线测温与微气象监测仪器

智能巡检平台是根据电力线路视频/图像监测、防外破等电力行业需求，结合智能图像识别算法、智能电源规划、多模态采集识别等新技术，推出的适用于输电线路的综合管理平台，融合视频监测系统、图片监测系统、状态监测系统等各系统于一体、消除传统系统建设中信息孤岛的局面。平台具备设备管理、服务器管理、用户管理、媒体分发、录像管理、线路巡视、隐患管理、电量管理、智能分析、电子地图、日志查询、统计分析、时间联动、电视管理等丰富的功能，并提供电脑客户端、网页客户端、收集客户端等多种访问模式。系统日常操作界面主要包括电脑客户端和手持终端 App，多终端联动，可在监控中心和户外等地选择不同的监控方式，实现智能巡检全天候、全地域覆盖，如图 5-12 和图 5-13 所示。

图 5-12　电脑客户端操作界面

图 5-13　手机 App 界面

为了保障输电线路的安全和供电的稳定,智能视觉在线监测平台主要实现功能包括日常监控和管理,可在多终端对电网线路运行状态进行实时的监控和预警管理;多模态图像处理,对采集到的数据和图像进行聚类分析,从而将其归类到不同的数据簇,并结合 R-CNN 检测算法和透雾识别对其进行分析;多模块识别包括入侵异物识别、绝缘子识别、线路金具识别、线路通道火灾识别以及大型工程机械识别等多种识别功能;多维度在线监测包括导线测温、环境温/湿度监测及输电线路覆冰监测等多维度的监测功能;通过对大数据的采集和分析,以实现风险预测、隐患管理与气象监测等功能, 如图 5-14 所示。

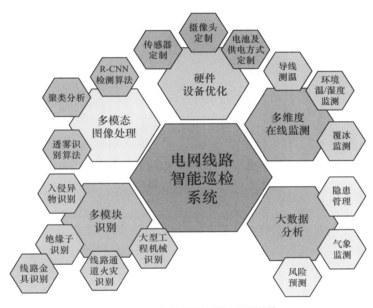

图 5-14 智能巡检系统功能概览

5.2.2 智能巡线应用

智能巡检设备可根据预设点扫描整体导线,识别如电缆异物悬挂、绝缘子缺失、通道环境异常等故障并发出报警。用户通过设置指定时间段对线路和周界进行定点巡视, 设备在到达指定时间, 定时唤醒球机, 并按照用户设置巡视规则进行巡视,巡视过程记录在内置存储设备内, 系统还可结合 GIS 系统中的杆塔数据, 逐基巡检。设备自动按照预定线缆方向放大画面巡线,提供局部的详细内容。水平固定摄像机视觉识别到移动物体进入通道保护区后,底部云台自动放大局部追踪,具备远程主动抓拍和视频流功能,具体巡检情况如图 5-15~图 5-17 所示。

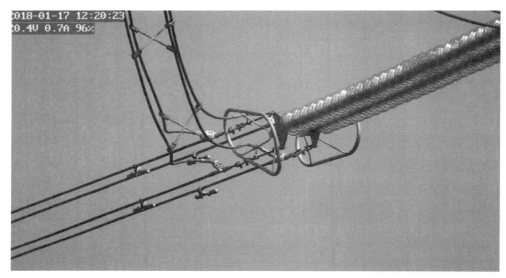

图 5-15　防振锤、均压环、绝缘子等部件巡检画面

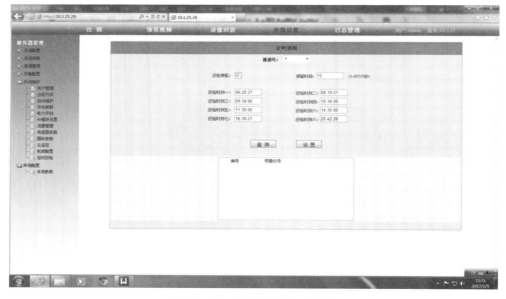

图 5-16　智能巡检参数设置

图 5-17 基于 GIS 系统的智能巡检地图

5.2.2.1 绝缘子巡航检测

绝缘子巡航检测主要包括绝缘子形态学检测、绝缘子放电火花及闪络检测、绝缘子污闪隐患及憎水性检测等，绝缘子巡航检测如图 5-18 所示。

(a)　　　　　　　　　　(b)　　　　　　　　　　(c)

图 5-18 绝缘子巡航检测
（a）绝缘子放电火花及闪络检测；（b）绝缘子有无憎水性检测；（c）绝缘子变形倾斜、开口检测

5.2.2.2 金具巡航检测

金具检测包括螺栓、销钉检测（通过图像观测是否有螺栓缺失、松动）、线夹、防振锤检测（通过提取防震锤的形态学特征，判断是否有滑移缺失），见图 5-19。

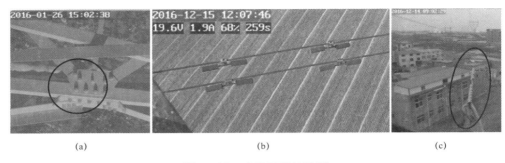

（a）   （b）   （c）

图 5-19　金具及附件检测

（a）螺栓、销钉检测；（b）线夹、防振锤等附件检测；（c）接续部件检测

5.2.2.3　导线及通道巡视

导线及通道巡视主要通过巡检设备采集图像，分析输电线路通道是否有危及运行安全的挖土、堆土、建筑、吊车、装卸、爆破等异常状态，导线对各种交叉跨越距离、对地面距离及对各类建筑物的距离是否符合规范，导线有无锈蚀、断股、烧伤等现象，强风等是否造成线路舞动，杆塔倾斜、线路弧垂高度发生变化，是否发生由于导线老化和绝缘子脱落等造成断线等异常状况，如图 5-20 所示。

（a）   （b）

图 5-20　导线及通道巡视

（a）导线识别分析设置；（b）输电线路通道巡视场景

5.2.2.4　覆冰监测

低温降水等造成线路覆冰，对电网线路造成破坏，严重时会导致杆塔倾倒、断线、电网跳闸等后果，造成巨大的损失。覆冰监测功能根据覆冰形成原理，采集图

像、微气象信息、导线拉力信息、杆塔倾角等数据及变化率，并将采集到的各种数据及其变化状况，通过网络实时传输、存储、统计与分析，当出现异常情况时，系统会发出报警信息，从而防止和控制电网冰灾，提高电网运行可靠性。具体场景如图 5-21 所示。

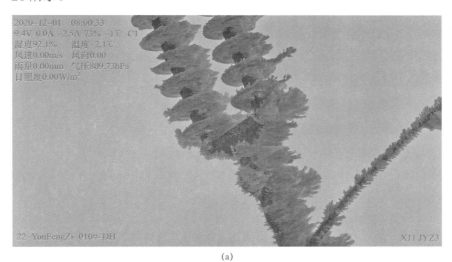

(a)

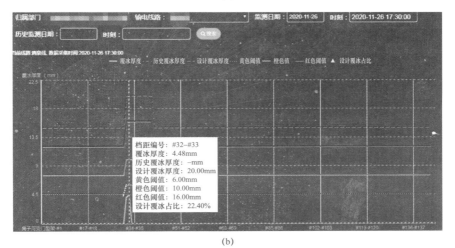

(b)

图 5-21　线路覆冰监测

（a）线路覆冰场景；（b）线路覆冰厚度计算设置

　　智能巡检系统试点应用以来，安装于多条线路的重点区域，开展巡视百余次，发现异物、违章施工、金具绝缘子故障多次，并及时报警。通过智能巡检系统近距离观察设备本体及利用搭载的红外热像仪传感器对输电线路重要部件测温等实践，在效率、效益方面取得显著成果。图5-22所示为吊车线下违章施工报警图。

图 5-22　吊车线下违章施工报警图

5.3　应急抢修典型应用

5.3.1　属地化应急抢修流程

应急抢修一体化管理流程如图5-23所示，属地化智能应急抢修系统接到事故报警后，在线生成应急抢修计划并推送，抢修人员根据推送信息做好相关准备，明确应急抢修地点的杆塔型号、金具类别、运行状况等信息，及时准备好对应的抢修工具。

属地化线路运维过程中面临气候、地形、环境多样等问题，这使得路径的选择尤其重要，抢修负责人员应根据系统中杆塔坐标及路径信息选择最优化路径，以确保能高效、快速的奔赴现场；应急抢修负责人还应根据系统所提供的区域信息，

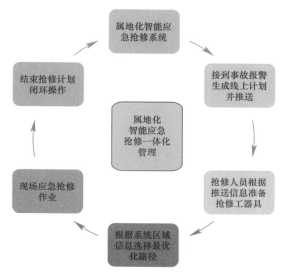

图 5-23 应急抢修一体化管理流程图

准备好劳保用品、安全防护用具、药品等，保障作业人员的人身安全。抢修人员奔赴现场后，应根据系统流程，明确任务规范操作，快速精准的完成抢修作业；在确认应急抢修作业完成后，属地化负责人应及时登录系统，进行闭环操作，结束任务并归档。

5.3.2　应急抢修的特征

属地化智能应急抢修管理利用互联网平台的准确性、高效性和即时性的特点，能正确、高效、快速地处置属地化应急抢修工作中出现的各种事件，如图 5-24 所示。

在智能应急抢修工作管理中，应用较多的是智能应急指挥系统、GIS 系统和在线监测装置。在应急事件发生后，智能应急指挥系统接收到预警和响应后，根据应急处置建议在 GIS 系统的台账管理模块中查询所需抢修设备的型号、金具类型及运行情况等，编制抢修施工组织措施和制订应急抢修及材料计划，保证应急抢修工作的精确性。抢修人员通过 GIS 系统查询现场的坐标及路径信息，正确规划路线，快速、准确地奔赴现场。根据应急抢修系统的计划开展工作，抢修人员按照分工各司其职，能极大地提升属地化应急抢修工作的时效性和精确性。

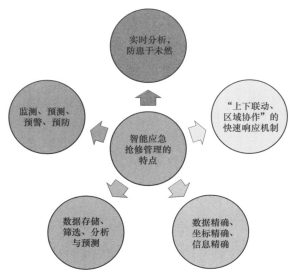

图 5-24　智能应急抢修管理特征

（1）预防为主。属地化智能应急抢修管理平台对设备情况进行实时分析，防患于未然。进行突发事件预测、预警工作并规划应对突发事件的各项保障准备。

（2）快速反应。属地化智能应急抢修管理平台通过互联网的即时性，充分整合及利用抢修人员现有资源，建立反应灵敏、功能齐全、协调有序、运转高效的应急管理机制，建立"上下联动、区域协作"的快速响应机制。

（3）信息精确。GIS 图形系统及台账系统具有数据精确、坐标精确、信息精确等特点，能在定制抢修计划时提供准确的信息。GIS 图形系统包含每条线路自变电站出线后的走向、杆塔数目、杆塔性质、架空或电缆路径、交叉跨越等信息。GIS台账模块包含每条线路的杆塔数目、杆塔性质、导地线型号、所用金具的类别等信息。

（4）在线监测。运用新技术、新装备进行应急工作开展，采用先进的监测、预测、预警、预防和应急处置技术及设施，充分发挥线路设备现场情况实时监测的作用，提高应急抢修人员应对各类突发事件的综合素质。

（5）综合分析。属地化智能应急抢修管理通过互联网云计算等技术，对以往输电线路属地化应急抢修管理工作进行数据储存、筛选、分析与预测，快速和准确的获得具有价值信息和经验。

5.3.3 智能巡检预警与响应机制

5.3.3.1 智能应急指挥系统

智能应急指挥系统负责启用应急指挥中心，召集组织电网属地化应急抢修小组及其办公室成员至应急指挥中心；接收、分析、报送停电及处置信息，提出应急处置建议；负责组织实施现场抢修安全监督工作；负责应急基干分队组织和调动，如图 5–25 所示。

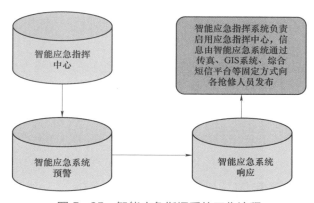

图 5–25　智能应急指挥系统工作流程

5.3.3.2 智能应急指挥系统预警

根据可能导致的属地化工作的影响范围和严重程度，智能应急指挥系统将所需开展的检修工作分为一级、二级、三级和四级。预警信息由智能应急指挥系统通过传真、GIS 系统、综合短信平台等固定方式向各属地化工作人员及时发布。各属地化工作人员也可通过手机短信、电话、网络等快捷方式接收预警信息。

5.3.3.3 智能应急指挥系统响应

事故发生后，智能应急指挥系统首先根据事故情况进行分级，向各属地化工作人员及时发布，属地化所有工作人员立即采取措施，迅速开展电网设施抢修和设备恢复工作，尽量缩小和减轻事件影响，全面收集事件信息，及时报告信息。

5.3.3.4 属地化智能应急抢修管理典型事例

在 500kV××线跨越铁路施工过程中出现铁路设施损坏事故的应急处理：智能应急管理系统接到事故报警信息后，根据现场情况发布事故预控措施生成抢修计划，分工明确到人，应急抢修负责人通过现场监测装置及人员汇报确认是否发生跑线事件，若未对铁路设施造成影响，可在铁路范围外处理的，由智能管理系统发布通知，施工负责人立即组织抢修。发生跑线事件并对铁路设施造成损坏的，智能应急管理系统立刻响应，通知安全负责人向铁路现场监护人员汇报；项目经理向总公司及铁路管理相关部门汇报，同时启动应急预案。

智能应急管理系统启动应急响应后，应急总指挥通过推送信息做好人员分工及物资准备，根据 GIS 系统搜集线路详细信息及运行状况，并根据系统规划路径即刻赶往现场并与铁路部门现场监护人取得联系，制订临时抢修方案。得到铁路部门许可后，按照智能应急管理系统编制方案及时拆除受损设备，避免事故扩大。属地化作业人员按照系统编制的计划配合铁路管理部门抢修受损设施。抢修结束后，应急抢修负责人登录系统进行闭环操作，结束应急抢修作业流程。

5.3.4 属地化应用案例

5.3.4.1 覆冰抢修

属地化所辖线路受冷空气影响，发生大范围降温雨雪冰冻过程，部分高寒山区将达到中等甚至严重程度覆冰，有发生断线、倒塔事故的风险。当事故发生时，抢修人员可以通过线路安装的在线监测装置获取现场的实际情况，在开展灾情应对的同时，积极做好横向及纵向工作订制抢修计划。通过在线监测装置搭载的摄像头进行实时监控，确定导线覆冰数据和现场情况，为人员应急巡视及调查提供线路设备损坏程度等现场数据。

5.3.4.2 "三跨"事故抢修

　　智能应急指挥系统发布预警信息对需要重点巡视的"三跨"区段及设备加大巡视检查力度，确保所辖线路安全稳定运行。在线监测装置系统在"三跨"区段重点监测。三跨治理期间一旦发生应急事件，智能应急指挥系统将即刻响应，结合 GIS 系统对设备周边交叉跨越、临近线路及设备运行状况进行信息收集，并根据所发事件的严重程度进行分级，通过传真、GIS 系统、综合短信平台等固定方式向各属地化工作人员及时发布，按其性质及时逐级上报，安排应急处理。

5.3.4.3 电网事故抢修

　　属地化抢修工作中发生电网事故时，智能应急抢修管理平台能及时掌握电网运行状态，根据故障现象判断事故发生性质及其影响范围；接收上级和调度命令，指挥电网事故处理，控制事故范围，开展抢修工作。这不但能有效防止事故进一步扩大，保证主网安全和重点地区、重要负荷的电力供应，运维人员还能及时将大面积停电有关情况向公司应急领导小组汇报，提出合理可行的恢复方案。

5.3.4.4 智能应急抢修新技术

　　将 MR 技术应用在电网应急抢修作业中，通过快速的数据获取和内容分享能力高效地保持各项业务之间的协同，获得无缝的网络访问体验，这将很大程度上改变目前基建功能安装、输变电巡检、信息通信业务等电网作业工作方式，以开放的架构体系支撑电网丰富的业务。这也为未来的属地化应急抢修管理工作提出了新的思路和方法。

　　随着智能化管理平台的普及，属地化智能应急抢修管理在属地化应急抢修管理中也显得越发重要。管理工作中的准确性、高效性和即时性是智能化管理平台的核心。属地化智能抢修工作中，智能应急指挥系统负责发布预警及响应，通过 GIS 系统及在线监测装置为应急抢修人员提供必要的信息，更为精准便捷地开展抢修工作。随着科技不断进步，智能应急抢修管理必将成为属地化应急抢修工作中的主流。

6

输电线路大数据平台及其应用

借助大数据技术，可对电网运行的实时数据和历史数据进行深层挖掘分析，掌握电网的发展和运行规律，优化电网规划，实现对电网运行状态的全局掌控和对系统资源的优化控制，提高电网的经济性、安全性和可靠性。输电线路作为电力系统中勘测设计、施工和运维的一部分，承载着电力系统安全稳定运行的重大使命，但输电线路通道环境的实时变化更是对线路运维工作造成了极大的考验。因此，在输电线路属地化管理中应用大数据技术，从线路数据采集、分析到线路运维，辅助属地和运维单位更为高效地完成输电线路的巡视、检修工作。

6.1 电力大数据简介

大数据技术的基础是海量数据，它就是从各种各样的海量数据中，根据预定目标，通过对数据进行存储、筛选、分析与预测，快速获得有价值信息的能力。通过对大数据进行分析、预测，会使得决策更为精准，释放出数据的隐藏价值。电力大数据涵盖发电、变电、输电、配电、用电及电网管理各个领域，如图6-1所示。

基于天气数据、环境数据、输变电设备监控数据，可实现动态定容、提高输电线路利用率，也可提高输变电设备运检效率与运维管理水平；基于WAMS数据、调度数据和仿真计算历史数据，分析电网安全稳定性的时空关联特性，建立电网知

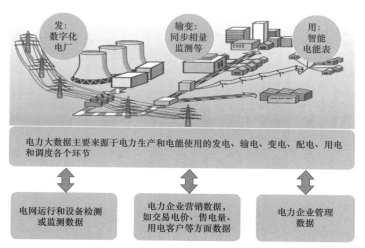

图 6-1   电力大数据涵盖的领域

识库，在电网出现扰动后，快速预测电网的运行稳定性，并及时采取措施，可有效提高电网安全稳定性。

电力设备状态大数据分析所需要的数据主要包括设备台账、技术参数、巡检和试验数据、带电检测和在线监测数据、电网运行数据、故障和缺陷记录、气象信息等，涵盖能够直接和间接反映电力设备状态的信息。根据电力设备状态信息的更新频率，可以将上述不同来源的状态信息划分为静态数据、动态数据、准动态数据三大类，如图 6-2 所示。静态数据主要包括技术参数、投运前试验数据、地理位置等；动态数据通常按分钟、小时或天为周期更新，是反映设备状态变化的关键数据，主要包括运行数据、巡视记录、带电检测数据、在线监测数据、环境气象等；准动态数据通常按月或年定期或不定期更新，主要包括设备台账、检修试验数据、缺陷/故障/隐患记录、检修记录等。

电力设备状态数据具备典型大数据特征，传统的数据处理和分析技术无法满足要求，主要体现在：

（1）数据来源多。数据分散于各业务应用系统，主要来源包括设备状态监测系统、设备（资产）精益管理系统（PMS）、能量管理系统（EMS）、地理信息系统（GIS）、天气预报系统、雷电定位系统、山火/覆冰预警系统等，各系统相对独立、分散部署，数据模型、格式和接口各不相同。

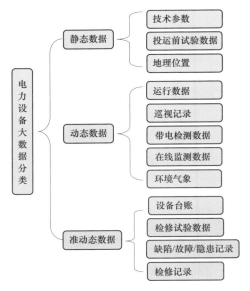

图 6-2 电力设备大数据分类

（2）数据体量大、增长快。电力设备类型多、数量庞大，与设备状态密切相关的智能巡检、在线监测、带电检测等设备状态信息及电网运行、环境气象等信息数据量巨大且飞速增长。

（3）数据类型异构多样。电力设备状态信息除了通常的结构化数据以外，还包括大量非结构化数据和半结构化数据，如红外图像、视频、局部放电图谱、检测波形、试验报告文本等，各类数据的采集频率和生命周期各不相同。

（4）数据关联复杂。各类设备状态互相影响，在时间和空间上存在着复杂关联。

6.2　大数据平台应用基础

电力系统的整个运行过程中会产生海量多源异构数据，也就是大数据，保证现代电网安全运行的前提是能够及时处理这些海量数据。其中，输变电设备状态监测数据应该占绝大部分。输变电设备状态监测数据既包含设备的基本信息，也包含设备运行中的在线状况监测信息，数据量十分巨大，这对数据处理能力的可靠性和实时性要求很高。

6.2.1　系统结构

庞大的输电线路相关数据处理需要通过科学合理的采集技术支撑,通常输电线路本体的数据采集需要在输电杆塔沿线部署足够数量的传感器(或视频图像采集装置),同一杆塔上不同传感器(或视频图像采集装置)通过有线方式进行视频数据汇集之后接入汇集节点;汇集节点间通过宽带通信形成多跳组网,实现多个杆塔间数据传递,最终通过站内光纤或者 APN 通道上传内网,如图 6-3 所示。通过对用电信息采集系统、输变电设备状态监测系统的理解,结合大数据平台技术优势,此次采集监测数据整合工作,主要分为用电信息采集系统、输变电状态监测系统的数据采集接入、数据存储、历史数据迁移三个关键环节。采集监测数据向大数据平台整合总架构图如图 6-4 所示。

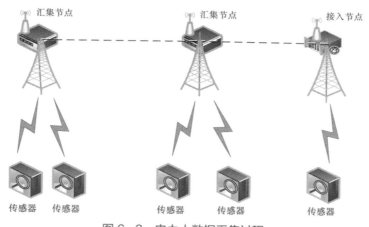

图 6-3　电力大数据采集过程

系统物理部署拓扑图如图 6-5 所示。数据抽取服务器:主要将 Oracle 数据库中用户采集数据、输变电设备状态监测数据抽取为文件,并存放在服务器指定目录下;数据解析服务器(与抽取服务器共用):从服务器指定目录提取 E 文件并解析写入大数据平台 kafka 消息队列中;数据入库服务器:从大数据平台 kafka 消息队列中消费已接入的量测类数据,并写入大数据平台 Hbase 中。

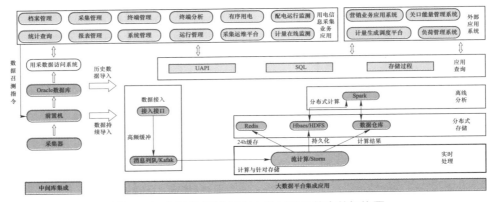

图6-4 采集监测数据向大数据平台整合总架构图

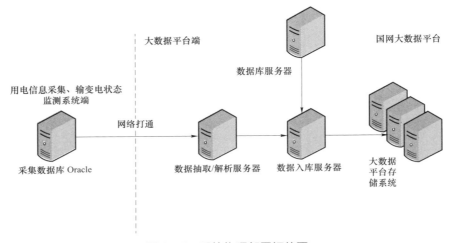

图6-5 系统物理部署拓扑图

用电信息采集和输变电设备状态监测采集量测数据的增量数据接入组件、存储模型、查询访问组件、历史数据迁移工具等功能模块，功能架构如图6-6所示。

数据采集接入技术路线如图6-7所示，以用电信息采集系统为例展现技术路线。

在数据接入过程中业务应用可能产生增量计算需求，本接入方案在数据入库前提供流式增量计算能力，如图6-8所示。数据处理的整个架构基于大数据流计算组件，按照管道过滤器的方式来进行设计，数据在各个管道中进行流转，每一个处理的过程为一个线程任务，所有的过程以流水线的方式串联起来形成完整的处理过程。最终，将数据处理成目标格式或计算结果。

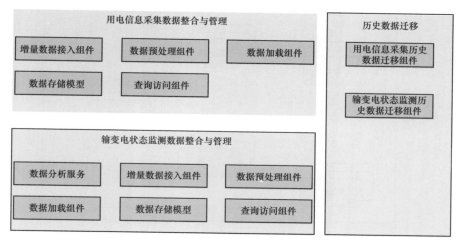

图6-6 功能架构

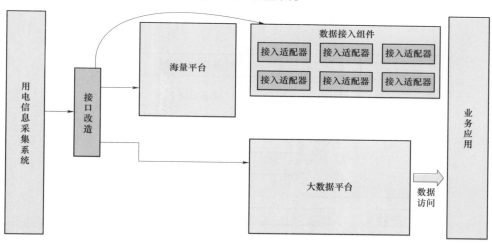

图6-7 数据采集接入技术路线

数据存储环节实现对量测数据的分布式存储,按照国网大数据平台的统一规划,大数据平台主要有分布式列式数据库、分布式内存数据库、分布式数据仓库等,原则上,采集量测数据存入列式数据数据库中,并将近期数据(当前半天或者一天内)缓存在数据缓存中,便于对于实时性要求较高的应用进行处理,如图 6-9所示。

采集量测数据的数据量大,数据有其固定格式,查询模式以批量查询与断面查询为主。在数据读写方面,写入要求很高的吞吐量,数据读取强调低时延。为满足

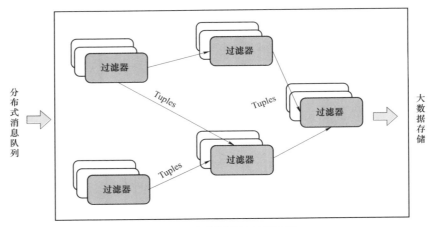

图 6-8　流式增量计算示意图

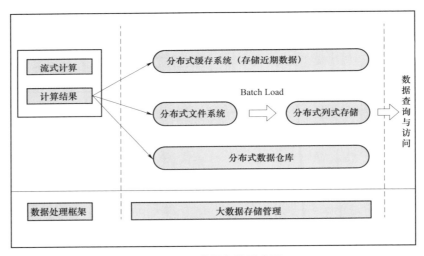

图 6-9　数据存储示意图

这些存储需求，数据存储方面在设计上需要有其缓存机制，提高访问效率，其次系统要具备良好的高可扩展性应对数据的不断增长，同时还需要关系型数据库存储经流计算或离线计算程序计算得出的一些统计信息。

6.2.2　数据模型

输变电设备状态评价数据来源范围广，包括设备台账信息、缺陷记录、巡视记录、在线监测及环境气象等数据,需要制订合适的信息模型,达到多源信息平台数据优化利用的目的。基于输变电设备多源异构信息融合分析,以变压器、断路器、输电线路等为对象,针对输变电设备综合状态评价和精细化分析的任务目标,从设备状态信息、电网运行信息及环境状态信息等大数据全景状态信息中整理、提出能够有效感知设备各种运行状态的参数体系;从输变电设备全景状态信息中析取在线预警、评价诊断、风险评价、全寿命周期管理等不同层次应用的状态属性和属性数据,从状态信息大数据中挖掘表征不同输变电设备运行状态的特征信息。针对不同应用时域、不同应用空间、不同应用目标,建立包含静态属性、准实时状态属性、实时状态属性的统一、规范多维状态信息模型。输变电设备状态评价信息模型包含设备类别、运行时间、设备状态等三个维度,如图6-10所示。

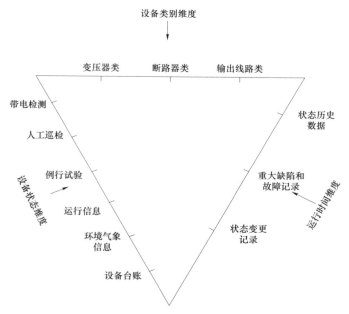

图6-10 输变电设备状态信息模型的多维架构

设备状态维包括设备编码、技术参数、投运日期、地理信息等静态参数,在线监测信息、运行信息、调度信息、环境气象信息等实时状态,带电检测、例行试验、巡检及维修、更换、缺陷状态变更信息等准实时状态,网络拓扑关系、电网潮流分布等辅助信息;运行时间维主要是设备状态变化的历史数据记录和相关信息;设备类别维中，变压器、输电线路等不同类别设备状态评价依赖不同的状态信息和评价诊断模型，并且同类别不同设备可利用的状态信息也与状态监测装置的配置、测试手段相关。

6.3 大数据平台属地化应用功能

数据采集完成以后，汇总至后台系统，再结合输电通道状态智能感知、微气象在线监测、自动气象站等监测数据和历年来的巡线记录，建立统一的数据模型，构建输电通道树障、外破、污闪等综合评估预警体系，实现跨专业多系统海量数据融合，应用人工智能技术和大数据技术，开展输电线路通道预测预警，实现由"经验定性"向"标准定量"转变，为智能检修和智能调度提供决策依据，如图 6-11所示。

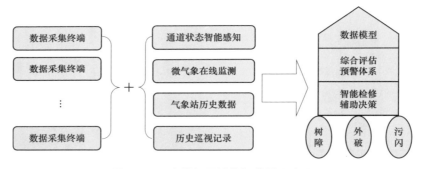

图 6-11 大数据属地化运维管理应用

6.3.1 线路通道维护

随着经济的快速增长，输电线路里程逐年递增，同时输电线路巡检的效益、质量、安全等方面的要求越来越高，因此无人机和人工协同巡检模式必将是未来属地化运维工作的发展趋势，依托无人机巡检技术，既可以弥补传统巡检效率低的不足，又可以降低巡线人员的劳动强度，为电网"大检修"开辟更广阔的模式。

无人机巡检系统分为机上和地面两部分，机上部分是无人机巡检系统的"眼睛",收集输电线路沿线的信息;地面部分是无人机巡检系统的"大脑",用于对无人机所收集的数据进行存储、筛选、分析,通过大数据技术自动识别输电线路通道缺陷,并给消除缺陷提供技术支持。输电线路通道缺陷识别流程图如图6-12所示。

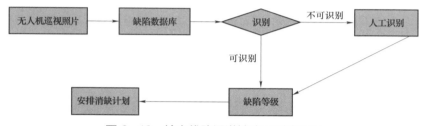

图6-12　输电线路通道缺陷识别流程图

在清理树障方面,利用无人机对线路通道环境进行巡视,完成线路走廊保护区内及线下隐患信息采集工作,掌握线路走廊保护区内及线下树木等植物的生长数据,预测树木等植物的生长周期,为提前制订清障计划奠定了基础;在防外破方面,操作人员依据所要巡视线路区段信息和作业内容在地面控制系统中制订相应的飞行航线,控制无人机对线路保护区进行全光谱的快速拍摄监测,后台技术人员利用大数据技术及时对影像数据进行综合对比分析,有异常情况及时发出预警,从而快速发现缺陷隐患等,提高通道巡视效率和质量。

输电线路属地化通道维护人员利用传感器收集输电线路通道信息,采用大数据技术实时进行线路状态评价,并提出属地化通道维护建议;作业前,运用"大云物移"技术,确定工器具、材料及工期;作业过程中通过无线视频实现作业过程远程监控;作业结束后,利用无人机开展输电线路属地化通道精细化巡检与质量评估。

6.3.2　污闪治理

输电线路污闪是线路运维人员不得不面对的一个问题,由于污闪的发生与绝缘子质量、季节、温/湿度、空气质量等诸多因素有关,目前除了定期清扫外,采用的是被动的治理措施,即发生污闪后更换绝缘子的方法。大数据技术的发展给输电线路属地化污闪治理带来了新的变革,污闪运维的大数据应用如图6-13所示。

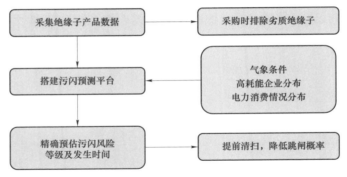

图 6-13　污闪运维的大数据应用

首先，采集绝缘子供应商产品质量的相关数据，对投标供应商进行评价，将劣质绝缘子尽可能排除在外；其次，结合当地气象条件、高耗能企业分布及电力消费情况等数据搭建一个输电线路污闪预测平台；最后，借助预测平台精确评估各基杆塔发生污闪的风险等级及预测污闪发生的时间。在污闪高发期来临前，对发生污闪的风险等级高的杆塔进行有针对性的清扫，从而有效降低输电线路污闪跳闸率。

6.4　大数据智能巡检案例分析

宜昌公司利用大数据技术开发出了"基于 GIS 的输电线路巡检数据分析系统"和 "共享铁塔系统"，本节主要对这两个系统做简要的介绍。

6.4.1　输电线路巡检 GIS 数据系统

结合历年输电线路现场巡视情况记录，"基于 GIS 的输电线路巡检数据分析系统"以"Python""R""Tableau"等专业分析软件为技术支撑，打破了传统"不高效、不全面"的工作方法，实现了对输电线路属地化运维人员巡视能力的细化评估。"输电线路巡检 GIS 系统"是一个兼容输电线路地理信息、气象信息、杆塔运维信息、输电线路通道地理信息等具有全面性、实效性的大型数据库，将输电线路属地化巡检人员运行、维护、检修等重要数据进行整理汇总，构建巡检人员的能力量化评估模型，并以此为依据，合理安排日常巡检工作，有效规避了输电线路属地化巡检人员能力不足带来的重复性工作。

6.4.1.1　GIS 环境数据挖掘过程

首先，通过 R 语言抓取并处理输电杆塔数据，从多个 GIS_Excel 文件中抓取每个区域的输电杆塔（物理杆）数据，融合并去除缺失数据；然后利用 Python 分离出同一单元格中出现的两条线路；利用 R 语言提取每个线路的杆塔编号。

6.4.1.2　数据可视化

数据可视化功能能够通过图形显示出主要区域各回线的杆塔数量，从显示图形结果可以看出杆塔数量最多的线路，并且可以针对列出的超过一百个杆塔的密集区域应该增加对应的巡视数量，同时能够显示出 GIS 数据库中各个区域线路的杆塔高程分布图。从杆塔高程分布图可以看出每个区域电路杆塔的高程不尽相同，甚至有些线路杆塔高程远远高于平均值。

宜昌公司输电线路巡检工作难度巨大。根据近五年线路巡视资料汇总统计的数据，所辖线路累计发现一般缺陷及重大缺陷数量接近 10 000 条。在巡视过程中发现不同巡视人员在巡查同一线路时所发现的缺陷不尽相同，针对这种现象，通过对类似异常数据进行独立分析发现在这些缺陷中有部分缺陷较为隐蔽，同时，在面对此类隐蔽性缺陷时各巡检人员的巡检能力有所区别。

6.4.1.3　工作人员基本情况

巡视数据挖掘过程为：通过往年多次检查汇报表，提取巡视日志并融合；通过 Python 语言清理数据，提取每个巡视杆塔并提取出每位巡视人员。

根据最终巡视数据，可以计算出每个线路的巡视次数以及主要巡视线路，借助 Tableau 展示巡视数据中巡视杆塔数量走势时间图，如图 6-14 所示。

通过曲线拟合法，可以得出巡视杆塔数量走势时间图的线性拟合方程为

$$巡视杆塔数量 = 1000P×日期 + （-1000）R \tag{6-1}$$

式中　P——曲线斜率，取 0.000 092 967 2；

　　　R——截距，取 0.338 091。

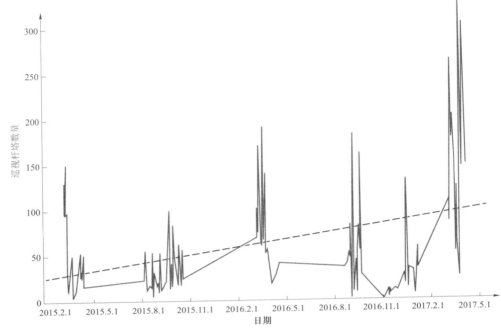

图 6-14　巡视杆塔数量走势时间图

从式（6-1）可以看出，每增加一天，每日可巡视杆塔的数量预计约增加 0.1 基。R 方值为 0.114 914，表明日期变动可解释 11% 的总可巡视杆塔变动。P 值 < 0.000 1，意味着日期因素在统计上显著。

由以上大数据分析结果可以看出，每日巡视杆塔的数量随时间显著增加。这一方面来源于人力的投入，另一方面来源于 GIS 等平台的帮助，提高了巡视效率。

6.4.1.4　构建巡视人员评价模型

目前单位对员工的考核方式由人员出勤率、巡视到位率及跳闸率的综合评定。从以上三个方面的考核只能做到对巡视人员的基本考核，并不能对各巡视人员的巡检能力进行精准评价，进而无法做到巡视工作安排的合理性和精确性。

由于上述的传统考核方式不能对各巡视人员的巡检能力进行精准评价，为了更准确分析各巡检人员的巡检能力，可根据各巡视人员的巡视情况及数据，以个人为单元建立能力评估数据模型。

除了基础的出勤率、到位率和跳闸率，根据近五年巡视数据，以各巡视人员日均巡视公里数为依据考核人员体能，以各巡视人员的技能、职称情况为依据考核技能水平，以各巡视人员在巡视工作中发现缺陷的准确程度为依据考核巡视精细度，以参加工作时长为依据确定巡视人员工作年限，根据以上考核数据确定数据维度，以巡检线路高程与宜昌地区平均高程的差值为地形决定依据并结合各巡视人员的巡视结果，分析巡视人员的各项能力，构建巡视人员能力评估数据模型，实现不同巡视难度线路分配不同巡视能力人员的精确化安排工作模式。

巡视人员绩效评价体系具体包含：从历年来的多次检查汇报表中提取出巡视人员发现缺陷的数据，并计算出每位人员的发现缺陷数量；根据已有的巡视数据，计算出每位巡视人员巡视杆塔数量；将 GIS 数据与巡视人员数据进行融合，并计算出每位巡视人员所巡视杆塔的杆塔高程中位数；将以上三组数据融合（采用内连接），利用 Tableau 可视化巡视人员绩效，如图 6-15 所示。各考核指标的权重及计算公式

$$Y = 100 + [x_1 - E(x_1)]/\sigma \bar{x}_1 \times 0.5 + [x_2 - E(x_2)]/\sigma \bar{x}_2 + [x_3 - E(x_3)]/\sigma \bar{x}_3 + x_3/x_2 \qquad (6-2)$$

式中　Y——能力评估得分；

100——基础得分；

x_1——该巡视人员所巡视杆塔高程中位数；

$E(x_1)$——所有巡视人员巡视杆塔高程中位数的平均数；

$\sigma \bar{x}_1$——所有巡视人员巡视杆塔高程中位数的标准差；

x_2——该巡视人员巡视杆塔数量；

$E(x_2)$——所有巡视人员巡视杆塔数量的平均数；

$\sigma \bar{x}_2$——所有巡视人员巡视杆塔数量的标准差；

x_3——该巡视人员缺陷发现数量；

$E(x_3)$——所有巡视人员缺陷发现数量的平均数；

$\sigma \bar{x}_3$——所有巡视人员缺陷发现数量的标准差；

x_3/x_2——该巡视人员巡视效率（缺陷发现数量/巡视杆塔数量）。

从式（6-2）中可以看出，杆塔高程越高，巡视难度越大。

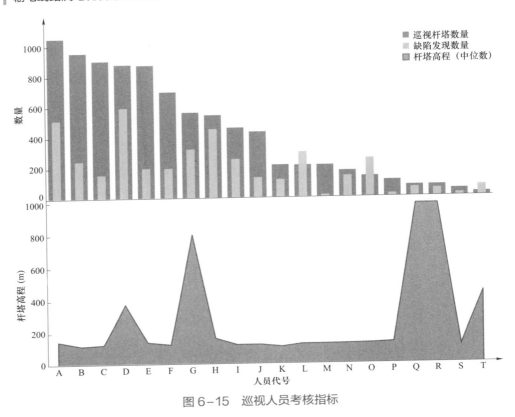

图6-15 巡视人员考核指标

6.4.1.5 巡视人员评价模型的实际应用

    针对宜昌地区输电线路巡检难度大、缺陷数量庞大且部分缺陷具有隐蔽性的特点，对巡视人员能力评估数据模型进行应用并产生数据，与"大概加估计"的经验主义方法相比，将量化数值与待巡线路的路径或者设备情况结合分析，在员工工作量的安排上做到精准、合理，使线路巡视效率提高30%，月均出勤次数降低6次，人员有限的情况下每月巡视线路增加30%，巡视成本降低20%，如图6-16所示。由于巡检工作位于野外，每次巡视都存在一定的风险，在提高线路巡视效率、降低出勤次数的同时，相应地降低了巡视人员的工作风险，宜昌地区特殊的地形采取这种准确化、高效性的巡检模式可以规避安全事件及重大事故的发生。

    在输电运检工作中，影响输电线路安全稳定运行的特殊因素有大风大雪、雷暴闪电、设备意外故障等，数据采集阶段在"输电线路巡检 GIS 系统"中以 220kV

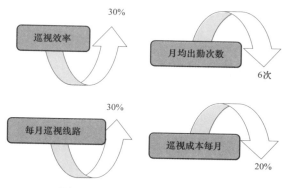

图 6-16 大数据巡检实际效用

某地一二回线路为实验对象,对其五年内的所有数据以风雪雷电活动、故障跳闸工作总结为范围进行提取,获得数据 3285 条。随后将 3285 条数据导入数据处理软件按照"气象变化""雷电活动""事故缺陷"三大节点进行分类,得到相应数据:"气象变化"1981 条,"雷电活动"1658 条,"事故缺陷"687 条。

在以上案例线路数据的分析过程中发现以下两个明显特征:① 线路特定区段的气象变化具有一定的规律性;② 线路易遭雷区域具有集中性的特点。深入分析上述两个特征:

一方面由于线路某部分走廊经过微气象区或较特殊的气象区段,导致每年的特定时节(风季或雪季)在对应区段会对线路产生明显的大风、冰雪影响,这些区段的线路运行状况具有较为明显、准确的周期性,针对类似规律性的特殊现象,可以在"输电线路巡检 GIS 系统"中植入线路风偏、覆冰预警模块,并关联巡视人员能力评估数据模型,实现特殊情况下的巡视匹配相应能力的巡视人员,转"经验巡视"模式为提前预警、超前巡视的作业方式。

另一方面对线路集中落雷区段的地理信息、杆塔信息、防雷措施进行统计,对已遭雷击的全部杆塔和区域内未遭雷击杆塔应用分析软件进行分析预测,将未来可能遭受雷击的杆塔进行防雷差异化治理,防雷击跳闸为未然,转"亡羊再补牢"的被动抢修模式为超前整治,避免雷击跳闸。

"基于 GIS 的输电线路巡检数据分析系统"的主要成效体现在通过对输电线路巡视人员的具体能力评估实现工作安排的系统化、合理化,其突破口为输电线路日常、特殊巡检的针对性、合理性人员安排和走廊自然灾害的预防及相应工作的有序化进行。

6.4.2 输电线路共享铁塔

随着国家对移动通信 5G 网络建设的大力推进以及共享经济的飞速普及，输电线路共享铁塔的概念也呼之欲出，铁塔虽然不属于属地单位的运维职责，但在巡视工作中对于铁塔本体的巡视不容忽视。因此，共享铁塔作为大数据在线路运维工作中的应用，其实际效用可见一斑。

输电线路管理单位为铁塔公司提供可共享的电力铁塔，用于通信设备安装，铁塔公司为输电线路管理单位的日常管理、建设给予优先服务，根据电网建设和客户业务扩展情况，及时将信号覆盖到位，提供供电设备运维所需通信设备，并提升通信和应急反应能力。

当在已共享的铁塔上安装防外破图像识别系统后，该系统的硬件、电源和数据传输服务均由铁塔公司免费提供，有效解决了防外破图像识别系统长期受制于通信信号覆盖不足及传输数据量过大的困扰这一技术难题，并大幅降低了运行成本。同时，也对杆塔的通道走廊实现了实时监控，在有大型施工车辆驶入保护区时，系统能够自动识别并发出告警，提醒施工车辆注意与杆塔和导线保持安全距离，同时也会给输电线路属地化管理单位监控后台发送警报消息，为监控人员提供实时图像和数据。

2018 年初，在 110kV××二回线 12 号塔上安装了一套通信设备（见图 6-17），通信设备安装位置距离下层横担 15m，保证了足够的安全距离。该处通信基站为宜昌最大的物流中心（三峡物流园）和客流中心（宜昌火车东站、宜昌汽车客运中心）提供了通信保障，运营商又免费为该线路安装了防外破视频监控装置，并提供了装置运行所需电源及数据流量。该试点是一次成功的资源共享创新实践：一方面，节省了土地资源和通信铁塔单点建设费用，使运营商成本大幅下降；另一方面，解决了"智慧宜昌"通信基础设施建设中部分区域无线信号覆盖弱的难题。

从实际效用来看，大数据技术已经在电力行业发挥着巨大的作用，无论是从数据采集、预处理，到数据分析、应用，还是智能系统的辅助决策，大数据技术都充斥其中。

图 6-17　110kV××二回线 12 号塔上安装的通信基站

7

宜昌地区输电线路属地化智慧管理示范

三峡位于长江干流上，西起重庆市奉节县的白帝城，东至湖北省宜昌市的南津关，全长 193km，由瞿塘峡、巫峡、西陵峡组成。三峡工程位于湖北宜昌市境内，全称为长江三峡水利枢纽工程，包括一座混凝重力式大坝、泄水闸、一座堤后式水电站、一座永久性通航船闸和一架升船机。三峡工程建筑由大坝、水电站厂房和通航建筑物三大部分组成。大坝坝顶总长 3035m、坝高 185m，安装 32 台单机容量为 70 万 kW 的水电机组，是全世界最大的（装机容量为 1820 万 kWh）水力发电站，年发电量 847 亿 kWh。本章主要从三峡区域的地理特征、输电线路分布、属地化创新管理及成效等方面阐述输电线路智慧属地化管理的实施情况。

7.1 宜昌地区输电线路概况

三峡区域的行政划分位于宜昌市，其地理位置独特、水电资源丰富，被誉为世界水电之都、中国动力心脏。三峡区域地势西北高，东南低，西、北、东三面群山环抱，东南一面临向平原，呈西北向东南梯级倾斜下降，高度相差悬殊。西北部山地的地形切割较剧，山巅密布，沟溪纵横，主要由樟村坪、雾渡河、下堡坪、邓村、三斗坪等山地组成，面积 1790.7km²，占总面积的 52.3%。其中，全区海拔 1200m 以上的中高山地 123.7km²，占总面积的 3.6%；海拔 800～1200m 的中山地 922.1km²，占总面积的 27%。其中西陵峡河谷区 275.2km²，占总面积的 8.03%。全区域森林覆盖率达到 74%。三峡区域由于其地理位置的特殊性，成为输电线路属地化管理工作中重点部署区域。

宜昌市位于湖北省西南部，湖北省政府确立的省域副中心城市，东邻荆州市和荆门市，南抵湖南省石门县，西接恩施土家族苗族自治州，北靠神农架林区和襄阳市。宜昌区域电网位于湖北电网的首端，是华中电网西电东送的重要通道，主要承担宜昌地区五县、三市、五个城区的电网建设与供电任务，担负着三峡大坝、葛洲坝、隔河岩、高坝洲、水布垭等大型水电厂的电力外送任务，安全责任重大。宜昌区域过境 500kV 及以上输电线路占全省 500kV 及以上输电线路总量的 1/4，涉及省检修公司宜昌分部、荆门分部、鄂西北分部和省送变电工程公司等运维单位，线路途经宜都市、枝江市、当阳市、秭归县、兴山县、长阳土家族自治县、伍家岗区、夷陵、猇亭区和点军区 10 个县市区，由于受廊道限制，秭归、长阳、夷陵区、点军区及三峡出线均在海拔 800m 以上，有 1/3 的杆塔在无人区和偏远山区。输电线路运行维护点多、线长、面广，多在高山大岭的地方，有 1/3 的杆塔在无人区和偏远山区，最高海拔超 1600m。宜昌区域 500kV 及以上输电线路担负着三峡、葛洲坝、清江等重要电厂电力外送、西电东送的重要任务。

7.2 属地化智慧管理实践方法

因三峡区域的特殊性和重要性，宜昌公司严格按照省公司《500kV 及以上输电线路通道运维属地化管理办法》和《500kV 及以上输电线路通道运维属地化工作指导意见》相关要求，结合宜昌区域实际情况，将输电运检室纳入属地化管理工作中，以专业部室作为运维单位及县公司的中轴，以专业部室的专业力量作为支撑，大胆提出并推行"市公司统一管、运检室专业管、县公司协助管"的属地化三级网格管理创新模式，在输电运检室组建属地化管理中心，明确各层级工作职责，充分发挥输电运检室的专业管理优势，同时利用辖区县市公司的属地优势联合当地政府、乡镇供电所，通过属地化专班分片区实行专业性管理，形成全覆盖的运维网络。

7.2.1 领导与组织形式

属地化运维工作一般以公司总经理任组长的属地化工作领导小组(见图7-1)，由运维检修部牵头，在输电运检室组建属地化管理中心，明确各层级工作职责，在输电运检室属地化管理中心下设属地化运维班，实行分片管理，将线路通道属地化工作落实到人。属地化管理中心及运维班组负责人的遴选工作，一般选用经验丰富人员担任安全员、技术员和工作组组长，对参与属地运维的人员采取理论和技能考试相结合的方式进行能力评估，通过考核合格后上岗；建立属地化长效激励约束机制，每年定期对巡视人员开展相关业务技能、安全生产和理论知识培训，年终以实际工作业绩为依据，结合绩效管理和年终测评考核，对优秀人员进行奖励并压担子，不合格人员重新待岗学习或重新选拔，对合格的属地运维人员实行挂牌上岗制度。

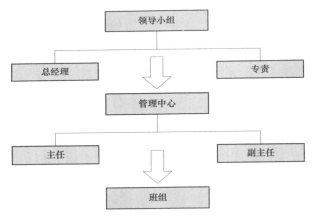

图 7-1 输电线路属地化组织机构一般构成

宜昌公司结合宜昌区域实际情况，在属地化运维工作推行之初成立了以公司总经理任组长的属地化工作领导小组，即由运维检修部牵头，在输电运检室组建属地化管理中心，明确各层级工作职责，在输电运检室属地化管理中心下设三个属地化运维班，实行分片管理(属地化运维一班管辖夷陵区及三峡出线、五峰县范围；属地化运维二班管辖秭归县、长阳县、宜都市、点军区和城郊区域；属地化运维三班管辖枝江、当阳市片区)，将线路通道属地化工作落实到人，如图7-2所示。

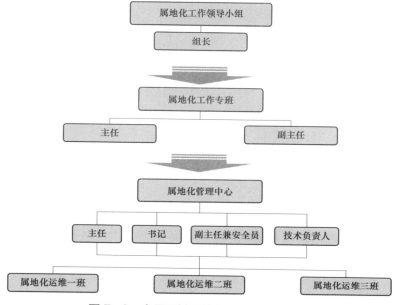

图 7-2 宜昌区域属地化工作组织机构图

属地化管理中心及运维班组分别遴选了湖北省劳动模范、省公司十佳班组长、高级技师担任班长，调配业务过硬责任心强的运维人员担任安全员、技术员和工作组组长。对参与属地运维的人员采取理论和技能考试相结合的方式进行能力评估，通过考核合格后上岗；建立属地化长效激励约束机制，每年定期对巡视人员开展相关业务技能、安全生产和理论知识培训，年终以实际工作业绩为依据，结合绩效管理和年终测评考核，对优秀人员进行奖励并压担子，不合格人员重新待岗学习或重新选拔，对合格的属地运维人员实行挂牌上岗制度，用专业的管理、专业的团队开展好宜昌区域通道属地化运维工作。宜昌区域 500kV 通道运维属地化管理中心岗位职责如图 7-3 所示。

7.2.2　工作内容及成果

输电线路的具体工作内容包括（相关过程管理请见附录 A～附录 F）：

（1）线路通道巡视、检查。通道内的违章建（构）筑物、树木（竹林）及其与导线净空距离情况；线路下方或附近施工作业及是否可能危及线路安全运行情况；

图 7-3 宜昌区域 500kV 通道运维属地化管理中心岗位职责

线路附近火灾（山火）、烟火现象及易燃易爆物堆积情况；线路下方或附近新（改）建电力、通信线路及铁路、道路等管线建设情况；防洪排水设施坍塌、淤堵和破损等情况；地震、洪水、山体滑坡的自然灾害引起的通道环境变化情况；开矿、采石及采动影响区变化等情况；污染源变化、线路周围放风筝、漂浮物、垂钓等情况；塔基周围杂树、杂草生长及杂物堆积和藤蔓类植物攀爬杆塔等情况；通道内必要的警示牌、宣传牌（墙）等设置和完好情况。

（2）巡视记录线路。通道巡视检查过程中除完成上述工作内容外，还应留取通道及塔基状况照片 5 张，具体要求是每基塔大、小号侧通道状况照片各 1 张、塔基基面状况照片 1 张、杆号牌照片、现场巡视"到位卡"各 1 张。

（3）现场处理措施。线路通道内外破隐患、树障的发现、上报和处理工作，防山火通道、塔基周围杂树（草）、杂物等砍伐、清理工作，其他防山火措施实施等。

（4）宣传教育工作。电力设施保护工作，包括设置警示（宣传）牌（墙）、线路通道保护宣传、组织群众护线、建立政企联动机制等工作。

（5）特种作业车辆统计建档、司机的安全教育培训工作。输电线路属地化工作在地市公司部署相关工作时，应有明确的责任分工，从公司领导到工作人员，形成一套完整的组织机构。

为全面掌握设备通道状况，扎实开展好每年六轮的定期通道巡视工作，从实从优推进属地化运维各项工作，宜昌公司编制《宜昌供电公司输电线路通道运维属地化管理实施细则》《宜昌供电公司 500kV 及以上通道属地化班组管理考核办法》《宜昌区域 500kV 及以上属地化树障清理管理办法》《宜昌区域 500kV 及以上输电线路外破管理办法》，编制了《属地化巡视手册和口袋书》《500kV 及以上输电线路定期巡视标准化作业指导书》《500kV 及以上输电线路树障通道砍伐作业指导书》，结合输电运检室编制的《输电线路工作二十四节气表》《宜昌区域树种分类及生长习性表》有针对性地进行通道巡视，确保问题早发现、早处理。

7.3 属地化智慧管理成效

宜昌市输电线路属地化管控工作于 2014 年开始，已经在全市推行并取得了一定的成效。本节分享了宜昌公司在开展属地化管控工作以来，在外破管控和树障清理管控工作中的具体制度以及实施效果，如图 7-4 所示。

7.3.1 外破隐患管控实效

输电线路属地化工作，主要是依靠当地县（市）区供电公司的力量，争取地方

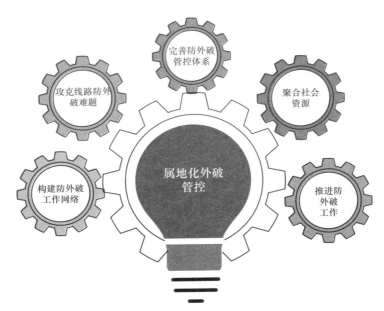

图 7-4　属地化外破管控工作内容

政府和村组的支持，开展行政区域内线路通道清理、护线宣传及外破隐患的发现、上报、协调处理等工作。输电运检室纳入属地化管理工作中，以更加专业的力量进行专业管理，并在运维单位的统筹下，组织县公司有组织、有计划地开展工作。

为不断完善防外破工作机制，有效降低电力设施安全风险，保证线路安全、可靠运行，三峡区域的外破管控逐渐探索出了以政府主导、公司部门配合、设备维护单位实施、属地单位联责、群众参与的"五位一体"防外破全覆盖工作模式。从"内外结合、疏堵结合、严细结合"等方面下功夫，使电力设施防外破工作可控、能控、在控，保证了外破隐患管控实效。

7.3.1.1　构建防外破工作网络

采用内外结合，多方联动的方式，构建防外破工作网络，如图 7-5 所示。

（1）充分依靠宜昌市政府、市经信委的力量，对大型园区建设项目，公司联系政府主管部门提前介入，提前预判线路通道安全风险。结合宜昌"三级网格化"护线机制进行一体化管理，2018 年至今，各县公司、乡镇组织、供电所、村组电工等上报 25 回线路保护区异动情况，属地公司及设备单位及时到现场核实，严控外

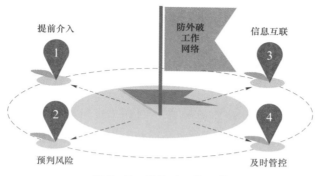

图 7-5　防外破工作网络

破隐患，确保属地线路的安全稳定运行。案例：2018 年 1 月 23～30 日，第二轮雨雪冰冻天气期间，宜昌区域内共有 9 条 500kV 线路发生不同程度的舞动，宜昌公司充分发挥属地联动优势，输电运检室和各县供电所积极加强舞动区的特巡，及时发现 500kV 宜兴一、二回、葛军线，±500kV 宜华线、葛南线不同程度的出现异常情况，并第一时间告知设备运维单位，为后期的抢修争取了宝贵时间。

（2）开展防外破工作专项行动，多次组织召开线路防外破专题会议，动员部署防外破、防焚烧等工作，对线下施工点按要求签订安全协议。公司与市经信委等部门联合，坚持对宜昌区域内所有大型施工项目安全负责人及现场特种作业车辆驾驶员进行电力设施保护知识培训，有效提高特种作业车辆驾驶人员的安全意识，从源头上减少外破事件的发生。

7.3.1.2　攻克线路防外破难题

采用疏堵结合、多措并举的方式，攻克了线路防外破难题。随着城市的发展，工程建设项目逐年增多，现场需要蹲守和特巡的点增多，属地单位安排专人、专车进行外破隐患点的蹲守和特巡工作，并严格要求蹲守人员与外破隐患点施工人员同进同出，并通过 GIS 系统和现场稽查来进行考核。

对影响线路安全的外破隐患，运维单位和属地单位积极核实现场情况，涉及工程建设施工的，对施工方案进行评审，不符合规程要求的，坚决制止；安全措施不到位的，要求整改后再行施工；督促施工单位签订安全协议，要求其按高压线下施工要求编制施工方案，报设备运维单位备案和评审，经评审后双方派人员现场监护施工作业。属地单位安排专人、专车对施工现场进行蹲守和特巡工作，监护现场安全及督促施工方安全措施到位。同时充分利用报纸、电视、微信、互联网等媒体，全方位开展护线宣传，共在《三峡晚报》刊登电力设施保护宣传专版 3 期，向沿线居民发放宣传资料 1300 余份，发送护线短信 2600 条。

通过对大型车辆驾驶员发放安全慰问品的方式，广泛收集大型车辆和驾驶员信息，对车辆粘贴警示语，如图 7-6 所示，组建"宜昌吊车防电"微信群，不定期对群内的现有的 135 名吊车、商品混凝土司机宣传线下吊车施工安全知识，通过信息互通，及时掌控线下施工信息，并进行现场安全监控，及时制止危及线路安全的行为，与行政职能部门加强沟通，加大依法护线力度。联手辖区公安部门，对距电力设施 500m 以内的爆破作业实行许可制度。同时在属地单位内部，完善防外破隐患管理机制，对重点、难点的外破隐患处开展"打防清"专项行动。

图 7-6　宣传线下吊车施工安全知识

7.3.1.3　完善防外破管控体系

采取严细结合，闭环管控等多项手段不断完善防外破管控体系。对外破隐患进行全面、系统的排查摸底，及时有效掌握线路通道内环境变化，对外破隐患形成"一患一档"台账，及时滚动更新数据，做到工作有计划、有部署、有检查、有整改、有考核。从 2016 年 7 月到 2019 年 7 月，3 年内，共有外破隐患点 105 处，其中一级 33 处、二级 31 处、三级 41 处；结合现场实际情况，针对性的采用外破隐患技防措施：共安装限高门 50 个，地埋宣传牌 248 块，防撞墩 67 个；加强巡视质量，根据现场情况，填写隐患巡视表，记录隐患动态发展情况。

7.3.1.4　聚合社会资源

采取抓源头、内外联动等措施，积极聚合社会资源。源头上，充分依靠宜昌市政府、市经信委的力量，对大型园区建设项目，属地单位联系政府主管部门提前介入，提前预判线路通道安全风险。属地单位根据线路分布情况，结合宜昌"三级网格化"护线机制进行一体化管理，牢牢树立"有大网才有小网，全国上下一张网"意识，线路途经区域的乡镇组织为"一级网格"，供电所为"二级网格"，村组电工为"三级网格"，通过遍布线路区域的"网格员"，对属地化线路进行全覆盖，紧紧依靠沿线"网格"，第一时间发现隐患，并及时上报与处理。

7.3.1.5　推进防外破工作

努力抓落实，及时采取专项行动，扎实推进防外破工作。公司通过多次开展防外破工作专项行动，组织召开线路防外破专题会议，动员部署防外破、防焚烧等工作，对线下施工点按要求签订安全协议等措施，扎实推进了防外破工作。

每年初，组织开展了"通道运维属地化重点防范措施实施计划"，重点针对冬季重冰区线路舞动异常情况，春节、清明节前后防烟花爆竹、防焚烧及由此引发的山火，春节后施工点防外破、塑料薄膜等空漂异物的清理，根据《输电线路工作二十四节气表》《宜昌区域树种分类及生长习性表》针对性地进行通道巡视，对偏坡及树障清理等工作进行了细化，并针对防范措施进行了部署。

7.3.2　清障管控实效

7.3.2.1　规范清障模式，实行专业化管理

公司结合宜昌区域的实际情况，对清障工作实行劳务分包模式。属地化线路通道树障清理管理职能隶属属地化管理中心，管理中心要求劳务承包方根据需要提供充足的劳务人员，且所派遣的劳务人员有从事树障清理相关工作经验或经所在公司

安全教育及相关专业培训合格后上岗，并在输电运检室安监部门备案；属地班组清障负责人按要求组建树障清理工作专班，全面负责树障清理现场的安全、质量、协调及验收资料的收集整理上报工作；清障工作须在双方监护人员的监护下开展作业，严禁工作负责人（监护人）不在现场开始工作。清障现场如图7-7所示。

图7-7　清障现场

7.3.2.2　完善清障制度，有序推进清障工作

为加强宜昌区域属地化线路树障清理工作，杜绝因树障或清障所造成的线路跳闸事故，实现树障缺陷闭环管理，结合实际制订了《宜昌区域500kV及以上输电线路属地化树障清理管理办法》。为确保线路通道树障清理工作及时有效开展，依据"宜昌区域树种分类及生长周期表"，对设备运维单位每年下发的年度清理计划、属地单位定期巡视发现的树障开展差异化清理，分轻重缓急安排月度砍伐计划，并于每周五通过微信发布上周树障清理完成情况，便于运维单位及时验收。树障清理前后对比见图7-8。

7.3.2.3　统一赔偿标准，协同各方力量，逐个击破历史遗留

在宜昌区域内形成统一的通道内树竹障砍伐标准，对于清障难点和历史遗留问题，公司争取政府职能部门的支持，发挥乡镇村及县市公司的协调作用，通过政府督办，加大清障力度。

图 7-8 树障清理前后对比

附录 A　输电线路通道运维属地化责任区段及责任人信息表

输电线路通道运维属地化责任区段及责任人信息表

报送单位：　　　　　　　　　　　　　　　　　　　　　　　报送时间：　　年　月　日

序号	线路名称	电压等级	线路总长（km）	杆塔总数（基）	责任区段划分	责任区段长度（km）	对应行政区域（市、县、乡）	分界点所在村	维护单位	责任人及电话	属地地（市）公司	责任人及电话	属地县（市）公司	责任人及电话	属地供电所（站）	责任人及电话

附录 B　输电线路通道运维属地化特种作业车辆、司机信息表

输电线路通道运维属地化特种作业车辆、司机信息表

报送单位：　　　　　　　　　　　　　　　　　　　　报送时间：　　年　月　日

序号	车辆类型	车辆号牌	车辆归属地（市、县、乡、村）	所有人姓名	常住地址	身份信息	联系电话	司机姓名	常住地址	身份信息	联系电话

附录 C　通道隐患统计表

通道隐患统计表

填报单位：　　　　　　　　　　　　　　　　　　　　　报送时间：　　年　月　日

序号	电压等级（kV）	线路名称	杆号（区段）	隐患描述	发现时间	发现人	上报时间	处理情况	备注
本月新增隐患情况：									
1									
2									
3									
⋮									
配合隐患处理情况：									
1									
2									
⋮									

附录 D　属地化管理考核评分表

属地化管理考核评分表

单位：　　　　　　　　　　　　　　　　　　　　　　　时间：

考核系统		考核项目	评分标准	自查得分	考核得分	备注
组织体系	1	各单位建立健全架空输电线路通道运维属地化工作体系（2分）	未制订工作体系，扣2分			
	2	按照本办法制订相应实施细则（2分）	未制订相应实施细则，扣2分			
	3	各单位按照办法中各自职责履责到位（6分）	运维单位共5项职责，每项1.2分；属地单位共7项职责，每项6/7分			
信息报送	1	制订信息报送制度（3分）	未建立报送制度，扣3分			
	2	特种作业车辆、司机信息报送（4分）	按要求及时报送，信息全面，动态更新，4分，每延迟一月扣1分，扣完为止；关键信息不全，每一处扣1分，扣完为止；未动态更新，扣2分；未报送，0分			
	3	发现危急、重大隐患，属地单位立即电话通告运维单位（8分）	遇危及、重大隐患，属地单位未及时电话告知运维单位，一次扣4分，扣完为止；运维单位隐患联系人无法联系，一次扣4分，扣完为止			
	4	运维、属地单位分别按月统计通道隐患及处理情况，向公司运检部报送"通道隐患统计表"（5分）	未按时向公司运检部报送"通道隐患统计表"，一次扣1分，扣完为止			
费用管理	1	属地单位确保属地化专项费用落实到责任人（10分）	属地单位未实行属地化费用专款专用，该项不得分			
	2		属地单位在完成运维单位交付的工作任务后，运维单位未及时支付属地单位人工、赔偿等费用，该项不得分			
流程管理	1	严格执行发现隐患处理流程（10分）	运维、属地单位未遵循隐患处理流程，该项不得分			
	2	严格执行消除隐患处理流程（10分）	隐患确定由运维单位处理时，属地单位未积极配合，未积极联系协调地方政府直至隐患消除，属地单位一次扣2分，扣完为止；由属地单位处理时，运维单位未划定处理范围，未行使现场安全监护职责，运维单位一次扣2分，扣完为止			

考核系统		考核项目	评分标准	自查得分	考核得分	备注
管理考核	1	考核周期内，运维、属地单位在通道管理工作上取得的质效（40分）	无通道隐患造成跳闸事件的，得满分			
	2		通道隐患造成的故障跳闸事件且未超过公司下达的故障停运指标80%的，按公式计算得分。考核分数 = 标准分×［（下达的故障跳闸率指标×80%）－通道隐患引起的故障跳闸率］/下达的故障跳闸率指标×80%			
	3		通道隐患造成跳闸事件且超过公司故障停运指标80%的，该项不得分			
加分项	1	输电线路通道运维属地化管理工作表现突出，受到公司肯定级以上表彰的，可获得1～5分的加分	输电线路通道运维属地化管理工作获得国家、国网、省级、公司表彰的，分别加5分、3分、2分、1分			
	2		在通道运维属地化工作开展中，总结成功经验、实施新举措，切实提高通道运维属地化工作水平的，并经公司认可的，视情况加1～3分			
	3		及时发现和消除危及、重大隐患，避免设备故障停运的，并经公司认可的，视情况加1～3分			
	4		运维、属地单位联动机制畅通，根据节气特点，联合开展专项行动的，一次加0.5分			
总得分		标准分100分，加分项满分5分				
特别考核项	1	该条款针对线路通道运维属地化工作推进初期，运维、属地单位责任区段划分、特种作业车辆信息报送以及"一对一"现场交底等进行考核	通知下发后，运维单位一个月内启动属地化"一对一"现场交底，且报送责任区段划分等信息的，最后考核得分 = 考核总得分；每延迟一月，最后考核得分 = 考核总得分×（1－0.05n），n为延迟月数；维护单位管辖的线路涉及的属地单位中，每少一个单位未启动属地化"一对一"现场交底，则考核总得分扣除5分；延迟三月，则视为未进行该属地单位辖区内线路通道运维属地化工作			
	2		通知下发后，属地单位一个月内完成属地化"一对一"现场交底，且报送责任区段划分、特种作业车辆信息的，最后考核得分 = 考核总得分；每延迟一月，最后考核得分 = 考核总得分×（1－0.05n），n为延迟月数；三个月内还未完成上述工作的，则视为未进行线路通道运维属地化工作			

附录 E　危及电力设施安全的行为

法律禁止的破坏电力设施行为如下：

向电力线路设施射击。

向导线抛掷物体。

在距电力设施周围 500m 范围内爆破作业。

在架空导线两侧 300m 的区域内放风筝。

擅自在导线上接用电器设备。

擅自攀登杆塔或在杆塔上架设电力线、通信线、广播线，安装广播喇叭。

利用杆塔接线作起重牵引地锚。

在杆塔、拉线上拴牲畜，悬挂物体，攀附农作物。

在杆塔、拉线基础范围内取土、打桩、钻探、开挖或倾倒酸、碱、盐及其他有害化学物品。

在杆塔内（不含杆塔与杆塔之间）或杆塔与拉线之间修筑道路。

拆卸杆塔拉线上的器材，移动、损坏永久性标识或标识牌。

其他危害电力线路设施的行为。

在架空电力线路保护区内：

不得堆放谷物、草料、垃圾、矿渣、易燃物、易爆物及其他影响安全供电的物品。

不得烧窑、烧荒。

不得兴建建筑物、构筑物。

不得种植可能危及电力设施安全的植物。

在电力电缆线路保护区内：

不得在地下电缆保护区内堆放垃圾、矿渣、易燃物、易爆物，倾倒酸、碱、盐及其他有害化学物品，兴建建筑物、构筑物或种植树木、竹子。

不得在海底电缆保护区内抛锚、拖锚。

不得在江河电缆保护区内抛锚、拖锚、炸鱼、挖沙。

附录 F 树障清理考核标准

树障清理考核标准

序号	类别	工作质量	单位	属地班组扣分	外委队伍扣分	备注
1		清障工作开展前未编制《树障清理作业指导书》	1 次	1	1	
2		油锯操作人员未在安检部门备案、参加工作人员体检、保险不到位或不合格	1 次	1	1	
3		清障队伍负责人及油锯操作人员无故变更	1 次	1	1	
4		作业车辆上未配备相关的急救药品	1 次	1	0.5	
5		外委队伍人员设置不健全，组织会员活动无故缺员	1 人	1	0.5	
6		未按要求现场有效实施，现场工作未做到"两穿一戴"	1 次	1	0.5	
7		外委队伍人员未经管理班组同意擅自离岗或擅自开展工作	1 次		1	
8		未严格按照管理中心下发清理计划擅自进行清理	1 次	1	1	
9		擅自扩大非急需清理范围	1 次	2	2	
10	处罚	清理紧急树障未提前向班组汇报	1 次		2	
11		班组未对清障工作进行有效监管与验收	1 次	2		
12		清障专班虚列、多报清理面积与树障棵树	1 处	2	2	
13		清障专班擅自处理未经许可的紧急树障	1 处	2	2	
14		对特紧急树障（6m 及以内）未在两个工作日内进行清理或协商	1 次	2	2.5	
15		对紧急树障（8m 及以内）未在一周有效工作日内进行清理或协商	1 次	1	1	
16		清障工作后不配合验收工作	1 次	2	1	
17		清障工作未与户主进行沟通或赔偿	1 处	1	1	
18		清障工作后未对巡视便道进行清理	1 处	2	1	
19		清障队伍无故消极怠工或不安排工作	1 次	2	2	
20		由于清障队伍自身的原因引起 95598 投诉	1 处	2	2	
21		清理树障时由于人员责任引起线路跳闸	1 次	50	5	

序号	类别	工作质量	单位	属地班组扣分	外委队伍扣分	备注
22	奖励	清障过程中，发现漏报的特紧急树障（6m 及以内）	1 处		2	
23		清障过程中，发现漏报的紧急树障（8m 及以内）	1 处		1	
24		在有效周期内（下计划之日起一个星期内）清理完特紧急树障	1 次	5	2.5	
25		一年内未发生人员伤害事故的	1 次	5	2.5	
26		一年内未发生清障队伍投诉电话	1 次	4	2	
27		在三个班组的清障完成率对标中最高者	1 次	4	2	

附录 G　电力设施保护区内树木接近导线对树木的安全距离

导线在最大弧垂、时与树木之间的安全距离（按自然生长长度）见表 G-1，导线与果树、经济作物、城市绿化灌木及街道树之间的最小垂直距离见表 G-2。

表 G-1　　　　导线在最大弧垂、时与树木之间的
安全距离（按自然生长长度）

电压等级（kV）	110（66）	220	330	500	750	1000	±400	±500	±660	±800	±1100
最大弧垂时最小垂直距离（m）	4.0	4.5	5.5	7.0	8.5	单回路：14 同塔双回路（逆相序）：13	7.0	7.0	10.5	13.5	17
最大风偏时最小净空距离（m）	3.5	4.0	5.0	7.0	8.5	10	7.0	7.0	10.5	10.5	14

表 G-2　　　　导线与果树、经济作物、城市绿化灌木及
街道树之间的最小垂直距离

电压等级（kV）	110（66）	220	330	500	750	1000	±500	±660	±800	±1100
最大弧垂时最小垂直距离（m）	3.0	3.5	4.5	7.0	8.5	单回路：16 同塔双回路（逆相序）：15	8.5	12.0	15.0	19.5

参 考 文 献

[1] 罗朝祥，高虹亮. 架空输电线路运行与检修 [M]. 北京：中国电力出版社，2017.

[2] 陈景彦，白俊峰. 输电线路运行维护理论与技术 [M]. 北京：中国电力出版社，2009.

[3] 王向东，梁爽. 基于"三集五大"机制创新，以属地化管理模式提升架空线路运维管理水平 [D]. 中国电力企业管理，2014.

[4] 殷乐. 国家电网公司组织结构优化研究 [D]. 吉林：吉林大学，2013.

[5] 张红. 架空输电线路状态运行与维护管理研究 [D]. 北京：华北电力大学，2012.

[6] 李祥珍. 面向智能电网的物联网技术及其应用 [J]. 电信网技术，2010，8（8）：41-45.

[7] 朱朝阳，刘建明，王宇飞. 电网突发事件的网络舆情预警方法 [J]. 中国电力，2014，47（7）：113-117.

[8] 梁博淼，王宏，林振智. 电力系统应急服务多点最优选址规划 [J]. 电力系统自动化，2014，38（18）：40-45.

[9] 汤继生，项达冬，李奇，等. 基于 GIS 的电网抢修车辆综合调度技术研究 [J]. 电力信息与通信技术，2016，14（2）：123-127.

[10] 梁志峰. 2011-2013 年国家电网公司输电线路故障跳闸统计分析 [J]. 上海：华东电力. 2014，42（11）：2265-2270.

[11] （英）Viktor Mayer-Schonberg 著. 盛扬燕，周涛译. 大数据时代 [M]. 浙江：浙江人民出版社，2012.

[12] 龚健雅. 地理信息系统基础 [M]. 北京：科学出版社，2001.

[13] 黄杏元，等. 地理信息系统概论（修订版）[M]. 北京：高等教育出版社，2003.

[14] 丛海洋，范渤. 输电线路通道防护属地化管理问题研究 [J]. 东北电力技术，2014，35（06）：23-26.

[15] 林岳峥，祝利，王海. 全球鹰无人侦察机的技术特点与应用趋势 [J]. 飞航导弹，2011（9）：21-24.

[16] 卢俊文，王倩营. 无人机演变与发展研究综述 [J]. 飞航导弹，2017，0（11）：45-48.

[17] 吴维农，杜海波，袁野，等. 输电线路无人机巡检实时通信技术研究 [J]. 中国电力，2016，

49（10）：111－113.

[18] 缪希仁，刘志颖，鄢齐晨. 无人机输电线路智能巡检技术综述［J］. 福州大学学报（自然科学版），2020，48（02）：198－209.

[19] 杨义. 无人机巡检输电线路技术的应用研究［J］. 科技创新导报，2018，15（19）：27+29.

[20] 卢锐. 输电线路智能无人机巡检及应用［J］. 低碳世界，2019，9（12）：106－107.

[21] 杨成顺，杨忠，葛乐，等. 基于多旋翼无人机的输电线路智能巡检系统［J］. 济南大学学报：自然科学版，2013，27（4）：358－362.

[22] 郭昊坤. 输电线路无人机巡检系统的设计［J］. 常州工学院学报，2018，31（4）：44－47.

[23] 罗昳昀，米立. 无人机在输电线路巡检中的应用［J］. 通信电源术，2018，35（12）：98－99.

[24] 张星炜. 无人机在输电线路巡检中的应用［J］. 通信电源技术，2020，37（1）：234－235.

[25] 王伊. 输电线路巡检中多旋翼无人机的应用［J］. 科技资讯，2017，15（28）：40－41.

[26] 顾泽林. 输电线路无人机巡检智能管理系统的研究与应用［J］. 工程技术研究，2019，4（14）：128－129.

[27] 彭福先，张玮，祝晓军，等. 基于激光点云精确定位的输电线路无人机自主巡检系统研究［J］. 智慧电力，2019，47（7）：117－122.

[28] 郑仟，李宁. 输电线路无人机巡检智能管理系统的研究与应用［J］. 电子设计工程，2019，27（9）：74－77.

[29] 万卷益，李宁，杨毅东，等. 无人机技术在输电线路巡检工作中的应用及展望［J］. 工程建设与设计，2020（2）：269－270.

[30] 张亮，杨善婷. 基于无人机的输电线路巡检技术研究［J］. 山西建筑，2018，44（34）：202－203.

[31] 海赛赛. 试论架空输电线路安全运行的影响因素与防治措施［J］. 科技风，2019（10）：181.

[32] 金逸宸，张正晓，潘豪蒙，等. 基于三维实景大数据的架空输电线路无人机高精度廊道巡线关键技术研究［J］. 通信电源技术，2018，35（12）：38－39.

[33] 李安福，曾政祥，吴晓明. 浅析国内倾斜摄影技术的发展［J］. 测绘与空间地理信息，2014，37（09）：57－62.

[34] 常安，何潇，孟庆祎，等. 基于倾斜摄影测量技术的输电线路走廊三维重建［J］. 电工技术，2019（02）：57－58.

［35］李想. 无人机航空摄影测量技术在地形测绘中的应用探析［J］. 智能城市，2020，6（01）：50-51.

［36］郑顺义，谭金石，季铮，等. 基于立体相机的电力线测距技术研究［J］. 测绘信息与工程，2010，35（01）：38-39.

［37］张帆，黄先锋，屈孝志，等. 基于竖直基线摄影测量的电力线测量方法［J］. 测绘通报，2013（11）：33-36.

［38］王成山，孙充勃，李鹏，等. 基于SNOP的配电网运行优化及分析［J］. 电力系统自动化，2015，39（09）：82-87.

［39］边莉，边晨源. 电网故障诊断的智能方法综述［J］. 电力系统保护与控制，2014，42（03）：146-153.

［40］成云鹏. 输电线路通道可视化远程巡检实践分析［J］. 电子世界，2019（20）：66-67.

［41］张维力. 飞机巡线技术的研究与应用［J］. 中国电力，1986（9）：66-68.

［42］何健. 输电线路无人机巡检技术［M］. 北京. 中国电力出版社，2016.

［43］潘美虹，金光，薛伟，等. 基于电力线载波的路灯线路检测系统研究［J］. 微型机与应用，2015，34（23）：55-57.

［44］徐胜舟，胡怀飞. 基于混沌粒子群优化算法的电力线检测［J］. 中南民族大学学报（自然科学版），2014（3）：100-104.

［45］郭爽. 电力线检测的算法研究［D］. 青岛：中国海洋大学，2015.

［46］孙浩轩. 基于Matlab的电力线实时检测的算法研究［D］. 青岛：中国海洋大学，2015.

［47］吴永华. 浅谈电力线路故障及检测［J］. 科技视界，2015（32）：267-267.

［48］徐博，刘正军，王坚. 基于激光点云数据电力线的提取及安全检测［J］. 激光杂志，2017，38（7）：48-51.